Tea
Special
Coffee
Tea
Juice
Special

Tea
Special
Coffee
Tea
Juice
Special

100款手搖飲

學會冷熱茶飲沖泡、
漸層飲料製作、果乾水果茶
操作的技術＆祕訣

100 Drink Recipes

朱雀文化

序

調一杯自己的手搖飲

二十年，有什麼事情可以一頭栽進去，醒過來的時候就已經二十年呢？

從鬧區、學區的小歇泡沫紅茶店風潮，到後來東區茶街的夜夜笙歌；從休閒小站與葵可立的興起，到跨國手搖飲事業傲視全球；從天母全台第一家星巴克，到巷弄間大大小小自家烘焙咖啡館。我的這半生，也隨著台灣飲料事業起飛，輔導學生考照、開店和創業。除了街邊小店之外，有的人在觀光風景區闖出名堂，有的人在海外發光發熱，我教給他們的，除了最基本的泡茶與咖啡的技術之外，一路走來所歷經的風風雨雨，那些寶貴的經驗，才是無價之寶。

台灣飲料事業在塑化劑風暴後，進入全面轉型，考慮到這個面向，我這次出版的新書，有別於二十年前的樣貌，用了很多漸層的技法，以及新鮮天然的原物料，是一本激發現代人對飲料世界想像的指南書。我自己在寫的時候，也整理了二十年來的配方，這每一杯的點點滴滴，甚至足以出版成回憶錄了。

這本書只是我回顧飲料生涯的開端，無論是基本的泡茶技術，還是最新穎的炫茶機，我提供配方，也提供創意發想，讓茶飲更增加繽紛色彩。關於果汁、花草茶，甚至咖啡也是如此，靈活運用各種配料，如鮮奶油、奶蓋、蛋白霜、棉花糖、爆爆珠、彩色粉圓、自製茶冰磚、自製茶凍，讓飲料的世界打開更寬廣的天空。我期待有人能於此書中獲益，學會更多種手搖飲；而想要自創品牌的朋友，也歡迎來我的臉書粉絲專頁留言（「蔣老師的餐飲班」https://www.facebook.com/drinkallright/）。

蔣馥竹（蔣馥安）2019.12

＊謝謝趙子雲、盧秋緣、王士昌、謝宜民、李瑞芝和 Marco 協助這次的拍攝。

製作飲料前的8個注意事項

1 本書所有飲品，皆製作 350c.c. 的分量；使用的雪克杯也是 350c.c. 容量。

2 製作書中飲料時，務必參照步驟順序一一加入材料，才能成功調製好看好喝的飲料。

3 泡茶葉類茶湯時，水溫控制在 88 ～ 90℃，泡茶時間約 5 分鐘；泡花茶、工藝花茶類茶湯時，須使用沸騰的水（90～100℃），泡茶時間約 5 分鐘。

4 製作一般冰塊、花茶冰塊、咖啡等冰塊時，必須等液體冷卻，才能放入冰箱冷凍。

5 調製飲品時用到的濃縮汁、可爾必思，常溫或冷藏皆可。

6 書中有些飲品可使用「炫茶機」製作，炫茶機是由台灣廠商研發出最新型的現泡茶機器，3 分鐘就能做出各種好茶。如果沒有的話，以雪克杯搖盪製作即可。

7 漸層飲料製作的小祕訣：原則上謹記，甜度越高的食材越先加入，例如：糖漿→果糖→果汁或可爾必思→茶湯的順序。

8 作者依多年教學經驗將全書飲品分成「人氣」、「經典」和「獨特」款，讀者可依喜好選擇製作。

材料＆器具這裡買

名稱	地址	電話
元揚餐飲設備公司	台北市萬華區環河南路一段 19-1 號	02-23111877
巨漢有限公司	台北市南京東路三段 89 巷 3 弄 15 號	02-25175399
宏泰餐飲設備公司	新北市中和區景平路 577 號	02-22421396
亨玖酒業	台北市文山區景福街 204 號	02-29324607
忠非行	台北市松山區敦化北路 120 巷 76-1 號	02-27153083
長馥亭餐飲顧問有限公司	台北市長春路 16 號 7 樓之 3	02-25816480
花旗坊蔘藥行	台北市大同區迪化街一段 70 號	02-25597032
泉通行	台北市大同區迪化街一段 147 號	02-25539498
開元食品	台北市內湖區民善街 83 號 7 樓	02-87912288

Contents 目錄

Part 1 茶飲品 Tea

Contents 目錄

Part 2 特調飲品 Special

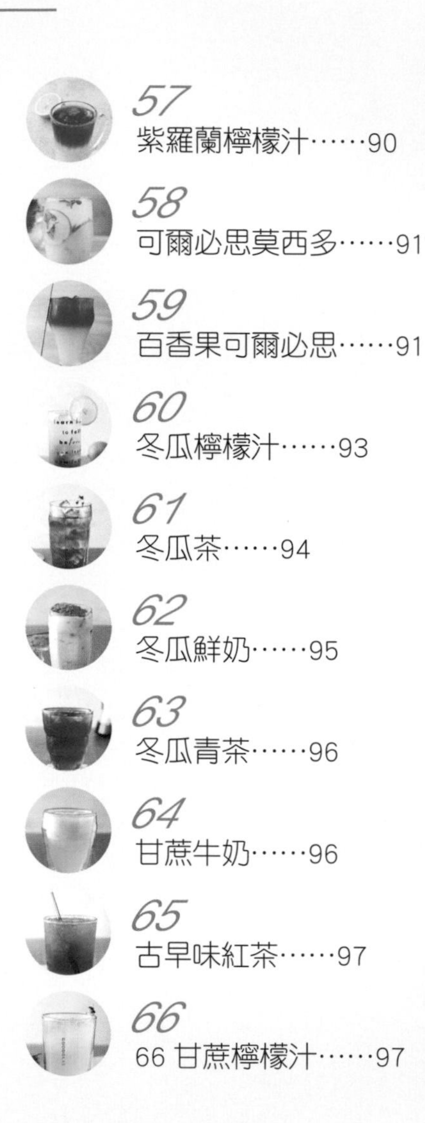

Part 3 果汁＆咖啡飲品 Juice & Coffee

常見基本材料

以下介紹製作本書飲品的材料。讀者如果能先了解這些材料的不同風味及特色，不僅書中的飲品製作遊刃有餘，還能自己設計獨創的風格飲品。

茶

茶以發酵程度區分，有全發酵茶、半發酵茶和未發酵茶三種。台灣常見的茶葉種類中，十大名茶主要是以半發酵的青茶為主，按名稱來分，分別是凍頂茶、文山包種茶、東方美人茶、松柏長青茶、木柵鐵觀音、三峽龍井茶、阿里山珠露茶、台灣高山茶、龍泉茶，以及日月潭紅茶。未發酵茶則如綠茶、烤茶；全發酵茶則像紅茶、普洱茶等。

按茶樹品種來分，則有青心烏龍、青心大冇、硬枝紅心、金萱、翠玉、四季春、鐵觀音、台茶十八號等名稱。

此外，書中還用到一種如球形的工藝花茶，這是來自中國福建省的一種綠茶捆紮技術。在處理過的綠茶葉中，包入造型不同的花朵，用特殊的捆紮技術把茶葉與花朵綁成球形，茶球遇熱，就會在杯中開出花朵。目前最大的生產重鎮，位於中國福建省福安市，2011 年，福建省通過法案，制定了「工藝花茶」的品質評鑑標準，是世界唯一的工藝花茶評鑑標準。利用花朵的美觀與綠茶的風味，工藝花也可以做出許多特殊飲品，可參照書中 P.70 ～ 75。

果汁＆酒＆其他

可爾必思源自蒙古酸奶，是日本水稻山教學寺住持的兒子三島海雲將其帶回日本，進而大量生產。**新鮮果汁**只要新鮮現榨，就能做出美味的果汁飲料。以**汽水**調製飲品時，嗜甜的人可以選用雪碧或七喜；想要降低糖度則可用氣泡水或蘇打水。**鮮奶**的話，具有生乳標章的市售鮮乳就是最好的選擇。飲調和調酒中常用到的**香甜酒**，又叫利口酒，是從英文「Liqueur」而來。書中用到綠薄荷酒、櫻桃白蘭地以及因為電影《亂世佳人》而聲名大噪的南方安逸香甜酒。

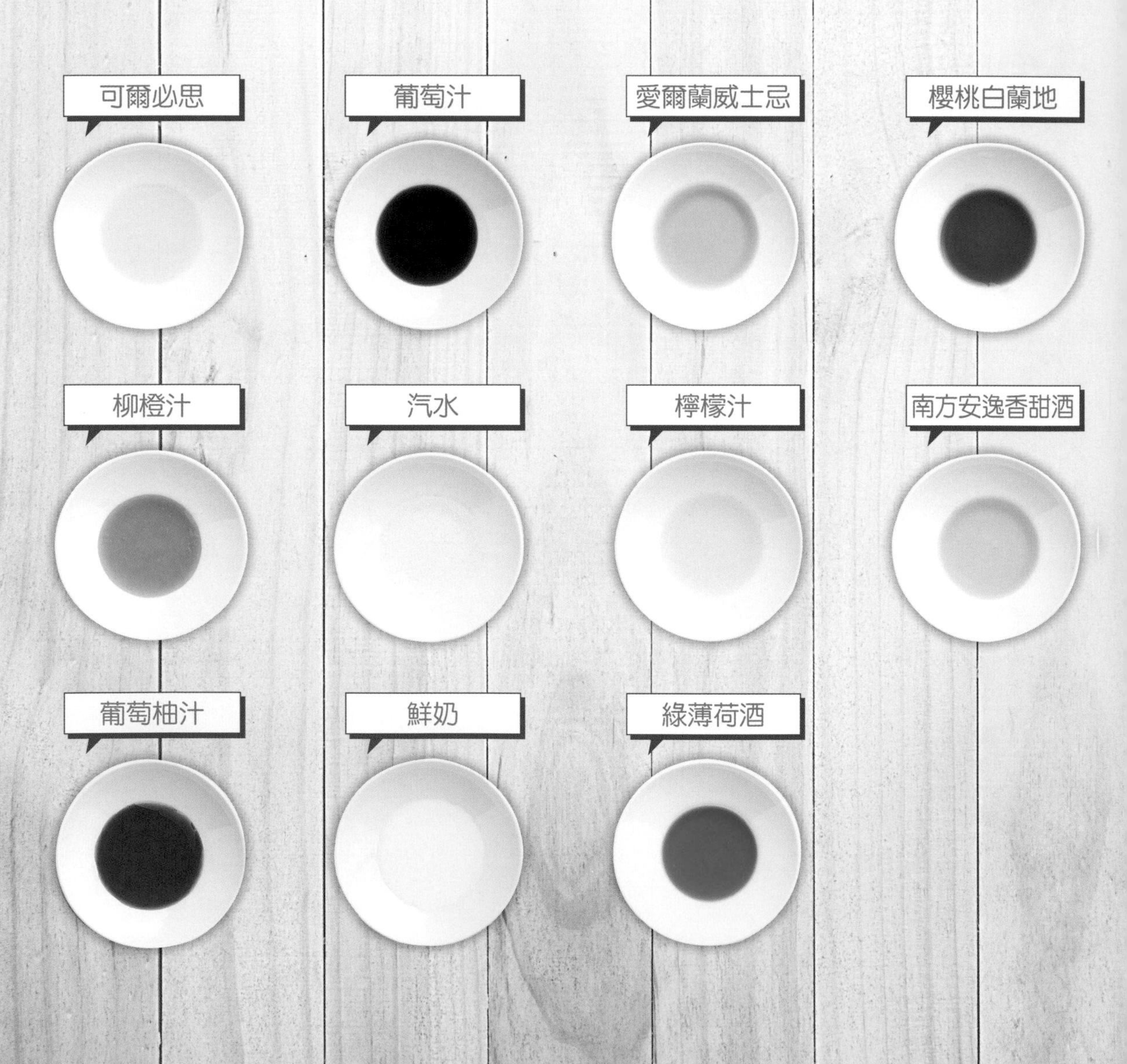

糖漿

書中使用最多的甜味劑是蜂蜜和果糖。**蜂蜜**（純）通常會有許多沉澱物或結晶體，而摻了果糖與色素的人工蜂蜜糖漿，一般都是透明清澈無雜質的。**果糖**主要分成玉米澱粉和甘蔗製成的兩種液態糖漿，無色，由於比砂糖容易溶解，泛用於所有餐飲之中。**糖漿**是以香料與糖水製成，本書使用了台灣桂花與台灣玫瑰精釀的糖漿。其他常見的糖漿還有：巧克力糖漿、蔓越莓糖漿、焦糖糖漿、榛果糖漿等。

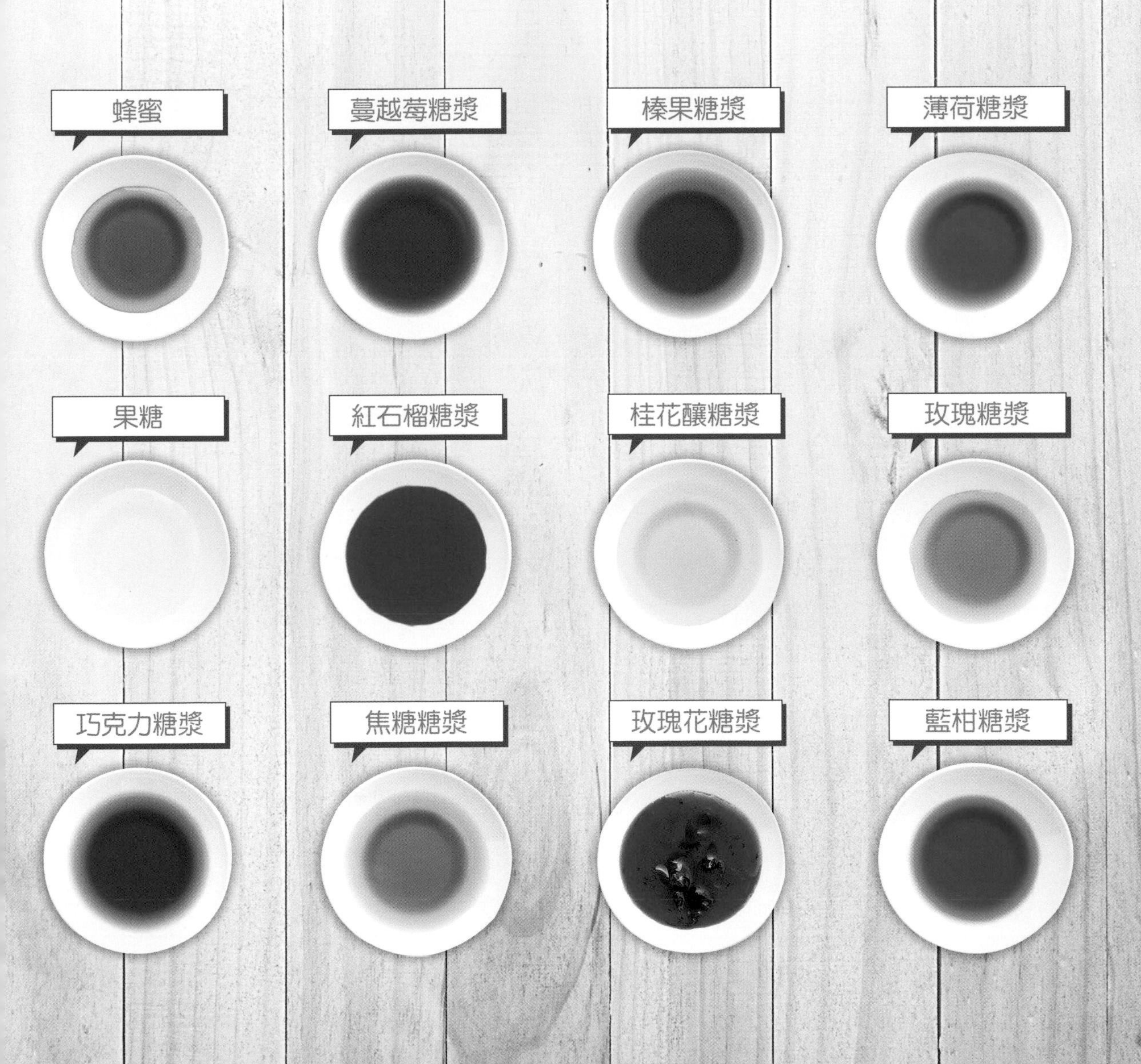

濃縮汁

濃縮是保存食物的技巧，把水果原汁煮至收乾，不僅可以延長果汁的保存時間，還能隨時溶於水中稀釋還原。為了讓濃縮果汁儲放更久，或是顏色更好看、香味更充足，因此會在濃縮果汁當中加入香料色素等人工添加物。坊間的飲料店，如果沒有註明百分之百天然水果製作，一般都是使用濃縮果汁。以濃縮汁與飲用水，採取 1：5 的比例，就能將濃縮汁稀釋。

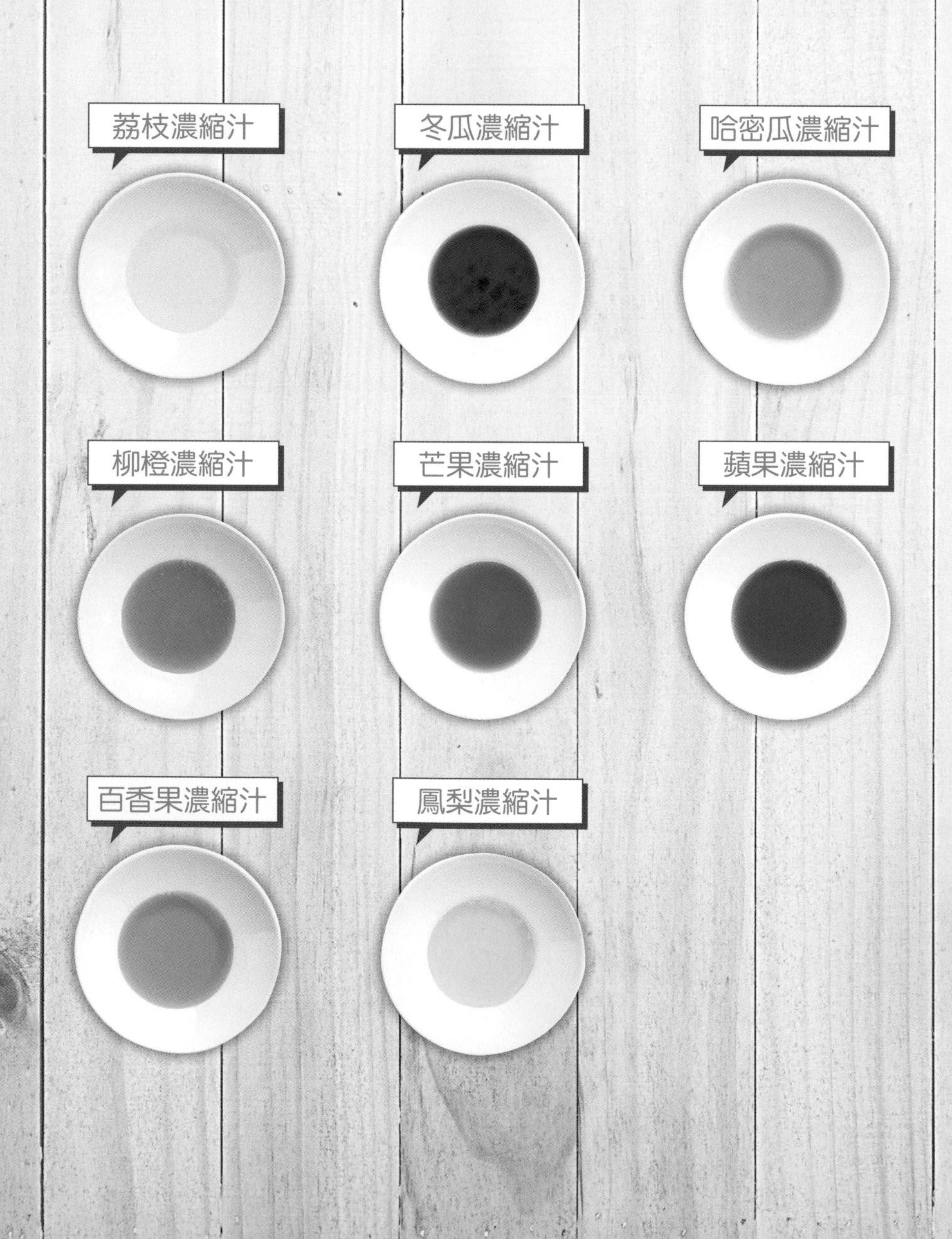

果乾

以下介紹的是調製飲料時比較常用到的水果乾，通常可在迪化街雜貨行、網路商店、大賣場和農會等地購買。此外，市售水果乾大多連皮一起乾燥，如果用來泡果乾水或調製飲料，別忘了泡完的果乾連皮一起吃掉，才能吃到完整的果皮纖維。

花草 & 香料

書中使用的**花草**茶是把乾燥的花、草或葉子，以熱水沖泡，使散發出獨特的香氣。比例調配得宜的花草茶湯除了直接品味，也可以搭配其他液體，或是做成花茶冰塊加入其他液體中。當中如蝶豆花，可泡入熱水中取其顏色，使飲品有更多顏色的變化。而**香料**各具香氣，可以讓咖啡、茶飲風味更具層次。

添加料

在美國、越南、菲律賓等流行繽紛色彩食物的國度，他們非但不會忌諱色素過多，甚至以此為樂。因此除了珍珠之外，也喜歡在飲料中添加彩色的寒天、椰果、蒟蒻等底料。不過，**珍珠**無疑是最受大家歡迎的。珍珠是用木薯粉或番薯粉等澱粉所製成，原味珍珠是白色透明，市售的珍珠都摻入黑糖，所以呈現黑色。當然，也可以利用蝶豆花湯汁、有色糖漿等染成其他顏色。而最新的**爆爆珠**，則是用海藻為外膜，將色素與糖漿封在海藻膜中，咬破的時候，裡頭的酸甜滋味瞬間爆發，類似鮭魚卵的口感。彩色**寒天**顏色討喜，含大量膳食纖維，很受瘦身一族、上班族的喜愛。

\ 常見基本工具 /

調製書中的飲品只要準備一些基本工具，以及煮咖啡的器具即可。
正確使用器具，調製飲料更事半功倍。

濾網

虹吸式咖啡壺上壺

下壺

電子秤

虹吸式
咖啡壺下壺

酒精燈

手沖壺

電動攪拌器

冰砂機

炫茶機

e. Blenders

High Performance Commercial Blenders

MAX-MIXER PRO

MP3

High performance Commercial Blenders

基本技巧

為了方便讀者閱讀和調製書中的飲品，
特別將泡茶、製作奶蓋、打發鮮奶油等基本技巧在這個單元中說明。
新手可以多加練習，讓你的飲品風味更佳、更美觀。

沖泡茶湯（茶葉）

材料

- 水
（88 ～ 90℃）160c.c.
- 茶葉 3g.

步驟

1 將熱水倒入杯中。

2 茶葉倒入濾茶器，輕輕放入熱水中。

3 靜置等待約 5 分鐘，也不要攪拌茶葉。

4 迅速將茶葉離水，不要猶豫。用小容器快速地承接茶葉可能滴入茶湯裡的殘液，那是充滿澀味的單寧。

沖泡茶湯（茶包）

材料

- 熱水
（88 ～ 90℃）160c.c.
- 茶包 1 包

步驟

1 將熱水倒入杯中。

2 茶包輕輕放入熱水中。靜置等待約 5 分鐘，也不要扯動茶包。

3 迅速將茶包離水，不要猶豫。用小容器快速地承接茶包可能滴入茶湯裡的殘液，那是充滿澀味的單寧。

手沖咖啡

材料

- 熱水
  （88 ～ 90℃）300c.c.
- 咖啡粉 20g.

步驟

1 將濾網套在下壺上，咖啡粉倒入濾網中。

2 手沖壺開始注水，由中心點開始以「の」的形狀，由內而外，以同心圓的方式注水，約注水 20c.c.。

3 靜置約 20 秒悶蒸。

4 繼續以中心點約莫 1 元硬幣大小的範圍沖煮至熱水用完，移開濾網即完成。

虹吸咖啡

材料

- 熱水
  （88 ～ 90℃）190c.c.
- 咖啡粉 16 ～ 20g.
  （2 匙咖啡量匙）

步驟

1 水倒入下壺中，以酒精燈加熱至約 60℃。

2 上壺加入咖啡粉，插入下壺。

3 煮至上壺中的水量是下壺的兩倍時（上二下一），手拿木 匙，用十字撥動（前後左右）8 ～ 12 下， 由四周撥至中央，將咖啡粉撥濕。

4 繼續加熱，當水沸騰沖滾三下時，關火。

5 此時下壺若還有未上升的水，先倒出。拿一塊濕抹布，包覆擦拭底座，以熱漲冷縮的方式，等待咖啡濾至下壺即完成。

冰咖啡

材料

- 水 170c.c.
- 咖啡粉 24 ～ 30g.（3 匙咖啡量匙）

步驟

1 水倒入下壺中，以酒精燈加熱至約 60℃。

2 上壺加入咖啡粉，插入下壺。

3 煮至上壺中的水量是下壺的兩倍時（上二下一），手拿木匙，用十字撥動（前後左右）8 ～ 12 下，由四周撥至中央，將咖啡粉撥濕。

4 繼續加熱，當水沸騰沖滾一下時，關火。

5 重新加熱，煮至上壺中的水量約莫一半，手拿木匙，再用十字撥動（前後左右）15 ～ 25 下。

6 當水沸騰沖滾一下時，關火。

7 拿一塊濕抹布，包覆擦拭底座，以熱漲冷縮的方式，等待咖啡濾至下壺即完成。煮好的咖啡可以冷藏後使用。

製作果醬

材料

- 新鮮水果 500g.
- 砂糖 200g.
- 蘭姆酒 20c.c.

步驟

1 水果切塊後搗泥，以小火加熱。

2 加入砂糖，不斷攪拌，加熱至約略收汁的同時，加入少許蘭姆酒。

3 繼續以小火煮至果醬濃稠狀即完成。

使用炫茶機

材料

- 商用炫茶機
  專用茶包 1 包
- 熱水
  （90 ～ 100℃）200c.c.

步驟

1 將專用茶包放入炫茶機中。

2 倒入水，蓋上上蓋。

3 按照發酵程度不同，按下萃茶數字鈕，待機器停止運轉後，取出茶包，倒出茶湯即完成。

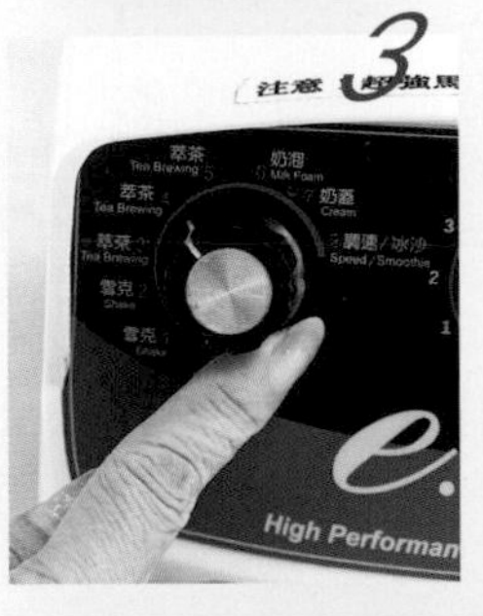

飲料教室 Drinks

炫茶機茶包是由不織布包裹的特殊茶包，適用於炫茶機與茶咖機，也可以單純手工現泡，一個茶包可以泡 200 ～ 700c.c. 的冰茶茶湯。操作時，依據所使用的茶葉的發酵程度，可選擇由小到大的萃茶數字鈕。未發酵的綠茶、烤茶是最小的萃茶數字鈕；半發酵的青茶、烏龍、鐵觀音等，是中間數字鈕；全發酵的紅茶、普洱，則用最大的萃茶數字鈕。

雪克杯搖盪法

步驟

1 雪克杯分為下杯、中蓋、上蓋三個部分。

2 首先，蓋緊中蓋與上蓋，以拇指扣穩上蓋。

3 以中指拖住下杯。

4 雙手均勻搖晃即可。

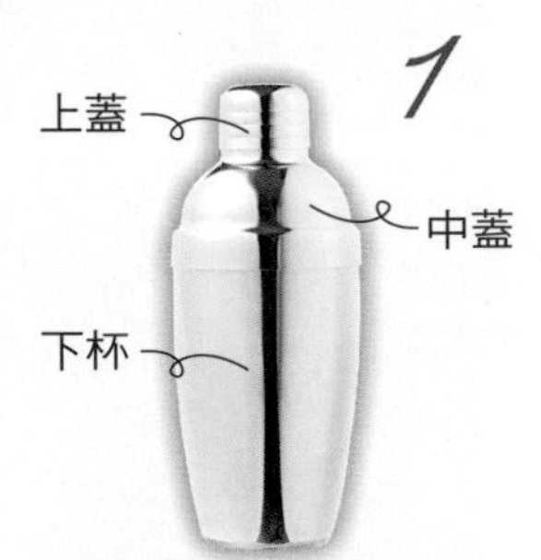

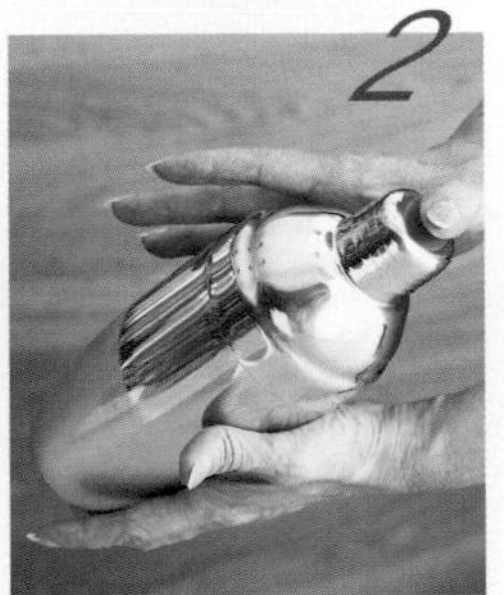

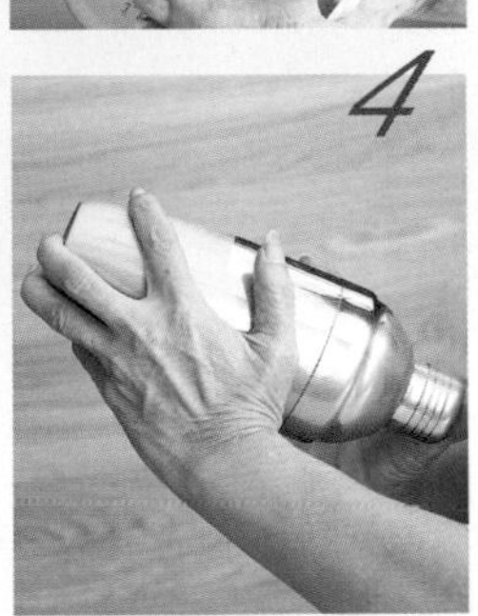

煮珍珠

材料

- 生的珍珠適量
- 水（可蓋過珍珠的量）

步驟

1 先將水倒入鍋中煮至沸騰，倒入珍珠。

2 用手動打蛋器不時輕輕攪動珍珠，避免珍珠煮破或煮碎。

3 攪到珍珠都浮在水上，再以中火煮 30 分鐘。

4 煮好後可以蓋上蓋子，再用小火燜 20 分鐘。此時，可以加入黑糖，使珍珠上色，並且持續將糖燒融，可以呈現黏稠的黑糖狀態。

5 或者加入泡好的蝶豆花湯汁，煮成藍色珍珠。

6 或者加入櫻花、玫瑰糖漿，煮成紅色珍珠。

7 也可以加入柳橙、芒果和百香果等濃縮汁，煮成橙色珍珠。

飲料教室 Drinks

市面上已有珍珠製作機，可以依照個人習慣，將木薯粉事先染色，搓成珍珠粉團，再由機器搓成珍珠，就是彩色珍珠了。但以一般家庭製作，可以在煮好盛起的珍珠裡，加入蝶豆花湯汁、櫻花糖漿、玫瑰糖漿或水果濃縮汁等不同顏色與風味的液體，就能把珍珠染成各種繽紛的色彩。

製作奶蓋

材料

- 冰水或冰牛奶 200c.c.
- 奶蓋粉 50g.

步驟

1 將冰水或冰牛奶倒入容器中。

2 加入奶蓋粉。

3 旋鈕轉至奶蓋製作的位置（圖中 7 號的位置），開始攪打。

4 機器停止運轉即可。

5 將製作好的奶蓋倒入小容器中。也可以加入食用色素或天然色彩染色。

製作打發鮮奶油

材料

- 鮮奶油 200c.c.
- 砂糖 50g.

步驟

1 首先將鮮奶油倒入鋼盆中。

2 加入適量砂糖。

3 以電動攪拌器高速攪打。

4 攪打至以攪拌器舀起，鮮奶油呈現彎鉤狀，即完成白色的打發鮮奶油。也可以加入食用色素或天然色彩染色。

這裡的打發鮮奶油用在書中雲朵飲品，像 P.100 火龍果雲朵、P.101 鳳梨雲朵、P.102 葡萄香蕉雲朵和 P.103 奇異果雲朵等。

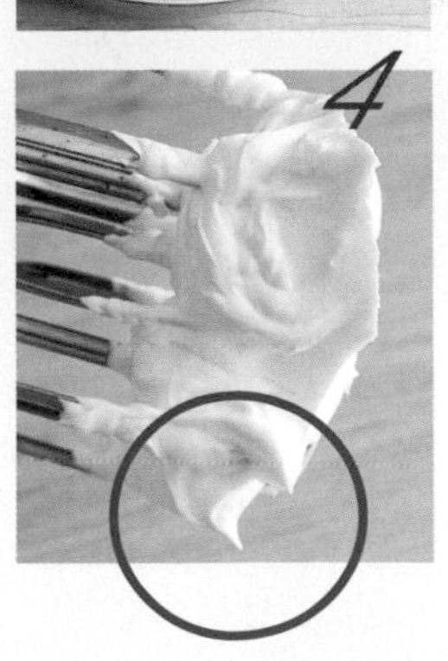

製作蛋白霜

材料

- 蛋白 3 顆
- 細砂糖 50g.

步驟

1 將蛋白倒入乾淨、完全擦乾的鋼盆中。

2 先加入適量細砂糖。

3 以電動攪拌器高速攪打，再加入適量細砂糖攪打。

4 攪打至硬性發泡，即以攪拌器舀起，蛋白霜呈現彎鉤狀即可。

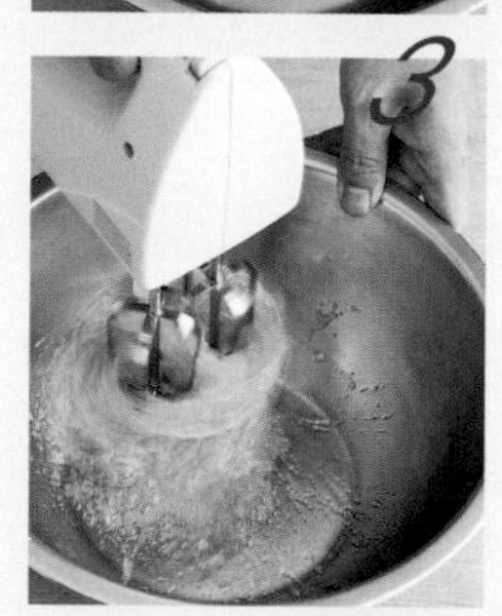

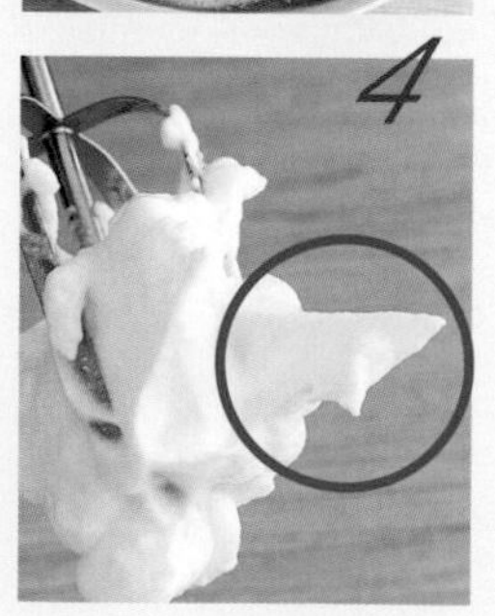

飲料教室 Drinks

打發蛋白霜用在 P.79 蛋白霜百香果茶、P.80 浮雲咖啡等飲品。

製作花茶冰塊

材料

- 濃郁的花茶
  （例如：P.64 洋茉玫瑰花茶，去掉材料中的蜂蜜、冰塊）

步驟

1 選擇芳香較濃郁的花茶。

2 沖泡花茶約 10 分鐘。

3 倒出茶湯，靜置花茶湯冷卻。

4 花茶倒入製冰盒中，放入冰箱冷凍即可。

製作茶凍

材料

- 洋菜 20g.
- 水 200c.c.
- 泡好的茶湯 300c.c.
- 細砂糖 50g.

步驟

1 水倒入鍋中煮至沸騰，放入切一段一段的洋菜。

2 一邊攪拌，煮至洋菜溶化。

3 加入事先泡好的茶湯。

4 加入細砂糖，拌至細砂糖溶解，即成茶凍液。

5 將茶凍液倒入容器中放涼。

6 茶凍可以刀切或以天突壓成小塊，加入飲品中。

Part 1 茶飲品 Tea

這個單元中的飲品，
是以「茶」為主角。
除了經典的桂花烏龍、
玫瑰鐵觀音、金萱、玄米玉露以外，
兼具風味與視覺的工藝花茶、
獨特氛圍花茶等，
都是適合當作基底的茶類，
在書中更顯特色。

還有讓飲品更畫龍點睛的添加料：
在各式茶湯中
加入多多和可爾必思、
邊吃邊稱讚的風味爆爆珠、
珍珠粉圓與寒天，
以及味覺超滿足的冰淇淋、奶蓋。
各種經典、人氣、創意手搖飲品，
每天小小一杯，身心大大的滿足。

01 檸檬多多綠茶 經典

乳酸菌茶飲的必點，傳說中的「多多綠少少」，
擠上新鮮檸檬汁更爽口。

材料 Assemble

- 綠茶茶包 1 包，或茶葉 3g.
- 新鮮檸檬汁 30c.c.
- 養樂多 1 瓶
- 蜂蜜 30c.c.
- 新鮮百香果果肉 5 顆
- 冰塊裝至雪克杯滿，或約 200c.c.

做法 Recipe

1. 參照 P.18 泡好茶湯。
2. 新鮮檸檬壓榨成汁；百香果挖出果肉，備用。
3. 將茶湯、養樂多、蜂蜜、檸檬汁和百香果倒入雪克杯中，加入冰塊，快速搖盪 15 下。
4. 取成品杯，倒入搖盪均勻的茶湯即完成。

02 桂花荔枝烏龍 經典

茶湯＋濃縮汁
荔枝果肉

**選用台灣茶莊窨製的桂花烏龍，
濃秋香氣裡突來一抹仲夏荔枝氣息，
饒有中國古色古香的一杯手搖茶。**

材料 Assemble

- 桂花烏龍茶茶包 1 包，或茶葉 3g.
- 新鮮荔枝 2 顆
- 荔枝濃縮汁 45c.c.
- 蜂蜜 10c.c.
- 冰塊裝至雪克杯滿，或約 200c.c.

做法 Recipe

1. 參照 P.18 泡好茶湯。
2. 荔枝去皮去核，果肉切碎備用。
3. 將茶湯、荔枝濃縮汁、蜂蜜，加入冰塊，快速搖盪 15 下。
4. 取成品杯，放入荔枝果肉，倒入搖盪均勻的茶湯即完成。

03 柳橙茶

經典

茶湯＋
柳橙汁

柳橙、柑橘、檸檬等水果都可以與
各種茶底融合，只要酸甜拿捏得宜，
就能搖出果香四溢又不奪茶味的水果茶。

材料 Assemble

- 紅茶或綠茶茶包 1 包，或茶葉 3g.
- 新鮮柳橙汁 120c.c.
- 蜂蜜 45c.c.
- 冰塊約 200c.c.

做法 Recipe

1. 參照 P.18 泡好茶湯。
2. 新鮮柳橙壓榨成汁備用。
3. 將蜂蜜倒入茶湯中攪拌均勻。
4. 取成品杯，放入冰塊，加入柳橙汁，再慢慢倒入茶湯即完成。

04 水蜜桃烤茶 經典

茶湯＋
濃縮汁

水蜜桃

烤茶也就是日本人說的焙茶，雖然茶色很深，
但喝起來是屬於綠茶系列的清香，
非常適合搭配水蜜桃這類口感濃郁的水果。

材料 Assemble

- 烤茶茶包 1 包，或茶葉6g.
- 罐頭水蜜桃 1 片
- 水蜜桃濃縮汁 45c.c.
- 蜂蜜 10c.c.
- 冰塊裝至雪克杯滿，或約 200c.c.

做法 Recipe

1. 參照 P.18 泡好茶湯。
2. 水蜜桃切碎備用。
3. 將茶湯、水蜜桃濃縮汁、蜂蜜倒入雪克杯中，加入冰塊，快速搖盪 15 下。
4. 取成品杯，加入切碎的水蜜桃，再倒入搖盪均勻的茶湯即完成。

05 百香果綠茶 經典

因為歌手阿妹愛喝而轟動全台。除了飲料還可以製作果醬、沙拉，在餐飲的泛用性非常高。

材料 Assemble
- 綠茶茶包1包，或茶葉3g.
- 新鮮百香果 5 顆
- 蜂蜜 45c.c.
- 新鮮檸檬汁 15c.c.
- 冰塊裝至雪克杯滿，或約 200c.c.

做法 Recipe
1. 參照 P.18 泡好茶湯。
2. 百香果挖出果肉備用。
3. 將茶湯、百香果肉、蜂蜜、檸檬汁倒入雪克杯中，加入冰塊搖盪 15 下。
4. 取出成品杯，倒入搖盪均勻的茶湯即完成。

06 葡萄柚冰果茶 經典

南國氣息的葡萄柚冰茶，除了紅寶石葡萄柚，也可以選用台灣白柚，風味清爽宜人。

材料 Assemble
- 紅茶或綠茶茶包 1 包，或茶葉 3g.
- 新鮮葡萄柚汁 120c.c.
- 蜂蜜 45c.c.
- 冰塊約 200c.c.

做法 Recipe
1. 參照 P.18 泡好茶湯。
2. 新鮮葡萄柚壓榨成汁備用。
3. 將蜂蜜倒入茶湯中攪拌均勻。
4. 取成品杯，放入冰塊，加入葡萄柚汁，再慢慢倒入茶湯即完成。

07 奶香金萱

正名台茶 12 號的金萱，可以製作成包種、烏龍與紅茶，其難以言喻的奶香，搖成奶茶更香濃！

材料 Assemble

- 金萱茶茶包 1 包，或茶葉 3g.
- 鮮奶 90 c.c.
- 蜂蜜 30c.c.
- 冰塊裝至雪克杯滿，或約 200c.c.

做法 Recipe

1 參照 P.18 泡好茶湯。

2 將茶湯、鮮奶、蜂蜜一起倒入雪克杯中。加入冰塊，快速搖盪 15 下。

3 取出成品杯，倒入搖盪均勻的茶湯即完成。

08 鳳梨冰茶

手炒鳳梨果醬搭配高山茶，就是排隊名店的招牌商品，自己家裡喝不完的高山茶還可以這樣喝呢！

材料 Assemble

- 高山茶茶包 1 包，或茶葉 3g.
- 新鮮檸檬汁 15c.c.
- 鳳梨果醬 2 大匙
- 蜂蜜 45c.c.
- 冰塊裝至雪克杯滿，或約 200c.c.

做法 Recipe

1 參照 P.18 泡好茶湯。

2 新鮮檸檬壓榨成汁備用。

3 將茶湯、果醬、蜂蜜和檸檬汁一起倒入雪克杯中，加入冰塊，快速搖盪 15 下。

4 取出成品杯，倒入搖盪均勻的茶湯即完成。

09 百香玉露氣泡茶 經典

以玉露為茶底，充滿氣泡口感啵啵啵啵的百香水果茶，
是茶飲最新潮流。

百香果
茶湯＋
濃縮汁＋
汽水

材料 Assemble

- 玉露綠茶茶包 1 包，或茶葉 3g.
- 新鮮百香果肉 1 顆
- 百香果濃縮汁 45c.c.
- 果糖 10c.c.
- 汽水 90c.c.
- 冰塊裝至雪克杯滿，或約 200c.c.

做法 Recipe

1 參照 P.18 泡好茶湯。

2 新鮮百香果挖出果肉。

3 將茶湯、百香果濃縮汁、果糖倒入雪克杯中，加入冰塊，快速搖盪 15 下。

4 取出成品杯，加入百香果果肉，倒入搖盪均勻的茶湯，最後慢慢倒入汽水即完成。

10 柳橙四季春氣泡茶 經典

四季春吹撫著橙香，清爽的風味與稍微刺麻的氣泡感，
彷彿是春天提早來臨的感覺。

材料 Assemble

- 四季春茶茶包 1 包，或茶葉 3g.
- 新鮮柳橙 1 顆
- 柳橙濃縮汁 45c.c.
- 果糖 30c.c.
- 汽水 90c.c.
- 冰塊裝至雪克杯滿，或約 200c.c.

做法 Recipe

1. 參照 P.18 泡好茶湯。
2. 新鮮柳橙切成 4 片備用。
3. 將茶湯、柳橙濃縮汁、果糖倒入雪 9 克杯中，加入冰塊，快速搖盪 15 下。
4. 取出成品杯，加入柳橙片，倒入茶湯，最後慢慢倒入汽水即完成。

11 龍鳳茶

火龍果的豔與鳳梨的麗，佐以淡淡茶香，
喝起來彷彿有一種南島山大王的感覺。

材料 Assemble

- 紅茶或綠茶茶包 1 包，或茶葉 3g.
- 火龍果 1/2 顆
- 現壓鳳梨汁或市售罐裝鳳梨汁 60c.c.
- 蜂蜜 45 c.c.
- 冰塊約 200c.c.

做法 Recipe

1 參照 P.18 泡好茶湯。

2 火龍果切塊；新鮮鳳梨壓榨成汁，備用。

3 將蜂蜜倒入茶湯中攪拌均勻。

4 取成品杯，放入火龍果，輕輕搗壓。

5 加入冰塊，加入鳳梨汁。

6 再慢慢倒入茶湯即完成。

飲料教室 Drinks

現壓的鳳梨汁會有果渣，果渣本身富含營養，建議不要過濾直接加入杯中。現壓鳳梨汁會沉澱，罐裝鳳梨汁則會讓鳳梨在上層。

12 元祖珍珠奶茶 經典

奶茶
焦糖糖漿
珍珠

經典中的經典風味！少許的焦糖風味，
可以讓整杯珍珠奶茶更上一層樓。

材料 Assemble

- 阿薩姆紅茶茶包 1 包，或茶葉3g.
- 奶精粉 1 1/2 大匙
- 果糖 30c.c.
- 焦糖糖漿 10c.c.
- 珍珠 3 大匙
- 冰塊裝至雪克杯滿，或約 200c.c.

做法 Recipe

1. 參照 P.18 泡好茶湯。
2. 將茶湯倒入雪克杯中，加入奶精粉攪勻。
3. 加入果糖、焦糖糖漿，加入冰塊，快速搖盪 15 下。
4. 取成品杯，放入珍珠，倒入茶湯即完成。

13 四季烏龍寒天 創意

由於手搖杯的興盛，坊間出現很多不同的茶底可供選擇，
因此設計了幾種特殊組合，歡迎來嘗鮮，並試著自己改換茶底。

材料 Assemble

- 四季烏龍茶包 1 包，或茶葉 3g.
- 百香果濃縮汁 45c.c.
- 蜂蜜 10c.c.
- 彩色寒天 3 大匙
- 冰塊裝至雪克杯滿，或約 200c.c.

做法 Recipe

1 參照 P.18 泡好茶湯。

2 將茶湯、蜂蜜和百香果濃縮汁倒入雪克杯中，加入冰塊，快速搖盪 15 下。

3 取成品杯，加入彩色寒天，最後倒入茶湯即完成。

14 玫瑰鐵觀音爆爆珠 人氣

茶湯

爆爆珠

傳說，觀音的眼淚化成藏人信奉的度母。
這裡的眼淚有優格的味道。

材料 Assemble

- 玫瑰鐵觀音茶包 1 包，或茶葉 3g.
- 蜂蜜 10c.c.
- 玫瑰糖漿 45c.c.
- 優格爆爆珠 3 大匙
- 冰塊裝至雪克杯滿，或約 200c.c.

做法 Recipe

1 參照 P.18 泡好茶湯。

2 將茶湯、蜂蜜和玫瑰糖漿倒入雪克杯中，加入冰塊，快速搖盪 15 下。

3 取成品杯，加入優格爆爆珠，最後倒入茶湯即完成。

15 茶香珍珠拿鐵 經典

漸層茶飲的基本款，利用糖的比重讓牛奶漂浮。
加入粉圓，好看又美味。

材料 Assemble

- 紅茶、綠茶或各種茶類茶包 1 包，或茶葉3g.
- 珍珠 3 大匙
- 果糖 45c.c.
- 鮮奶 120c.c.
- 冰塊裝至雪克杯滿，或約 200c.c.

做法 Recipe

1 參照 P.18 泡好茶湯。

2 將果糖倒入茶湯中攪拌均勻。

3 取成品杯，依序加入珍珠、茶湯，放入冰塊。

4 最後慢慢倒入鮮奶即完成。

16 烤茶爆爆珠

烤茶意外地和柳橙汁很配，茶香也不會被果香搶走，各種口味的爆爆珠都很適合。

材料 Assemble

- 烤茶茶包 1 包，或茶葉 3g.
- 蜂蜜 10c.c.
- 柳橙濃縮汁 45 c.c.
- 奇異果爆爆珠 3 大匙
- 冰塊裝至雪克杯滿，或約 200c.c.

做法 Recipe

1. 參照 P.18 泡好茶湯。
2. 將茶湯、蜂蜜和柳橙濃縮汁倒入雪克杯中，加入冰塊，快速搖盪 15 下。
3. 取成品杯，加入奇異果爆爆珠，最後倒入茶湯即完成。

17 珍珠櫻花綠奶蓋 獨特

奶蓋
茶湯
珍珠

櫻花珍珠裡面真的有櫻花花瓣，
櫻花綠茶裡面也真的有櫻花氣息。明年就用這杯，搶攻東京奧運市場吧！

材料 Assemble

- 櫻花綠茶茶包 1 包，或茶葉 3g.
- 蜂蜜 45c.c.
- 櫻花粉圓（做法參照 P.22）3 大匙
- 奶蓋（做法參照 P.23）適量
- 冰塊裝至雪克杯滿，或約 200c.c.

做法 Recipe

1. 參照 P.18 泡好茶湯。
2. 將茶湯、蜂蜜倒入雪克杯中，加入冰塊，快速搖盪 15 下。
3. 取成品杯，加入櫻花粉圓，倒入茶湯，最後鋪上奶蓋即完成。

18 珍珠芒果玉露

芒果粉圓酸爽的口感，充滿夏日氣氛；
芒果奶蓋的綿密，彷彿在吃芒果口味的霜淇淋。

材料 Assemble

- 玉露綠茶茶包 1 包，或茶葉 3g.
- 蜂蜜 45c.c.
- 芒果珍珠（參照 P.22）3 大匙
- 芒果奶蓋（做法參照 P.23）適量
- 冰塊裝至雪克杯滿，或約 200c.c.

做法 Recipe

1. 參照 P.18 泡好茶湯。
2. 將茶湯、蜂蜜倒入雪克杯中，加入冰塊，快速搖盪 15 下。
3. 取成品杯，加入芒果珍珠，倒入茶湯，最後鋪上奶蓋即完成。

19 玄米玉露蝶豆花 人氣

用蝶豆花染色，是南洋群島的烹飪技法，
透過繽紛色彩，促進食慾。

材料 Assemble

- 玄米玉露茶包 1 包，或茶葉3g.
- 蜂蜜 45c.c.
- 蝶豆花珍珠（做法參照 P.22）3 大匙
- 冰塊裝至雪克杯滿，或約 200c.c.

做法 Recipe

1. 參照 P.18 泡好茶湯。
2. 將茶湯、蜂蜜倒入雪克杯中，加入冰塊，快速搖盪 15 下。
3. 取成品杯，加入蝶豆花粉圓，最後倒入茶湯即完成。

20 百香果爆爆珠 人氣

繽紛的色彩與酸香的氣味，都是提振食慾的妙方，
吃不下飯的時候，來一杯吧！

材料 Assemble

- 爆爆珠 3 大匙
- 冰塊約 200c.c.
- 百香果汁 30c.c.
- 鮮奶 120 c.c.
- 果糖 30 c.c.
- 彩色奶蓋（做法參照 P.23）適量

做法 Recipe

1. 取成品杯，先放入爆爆珠。
2. 加入冰塊、果糖，再加入鮮奶。
3. 加入百香果汁，最後鋪上彩色奶蓋即完成。

21 玫瑰寒天聖代

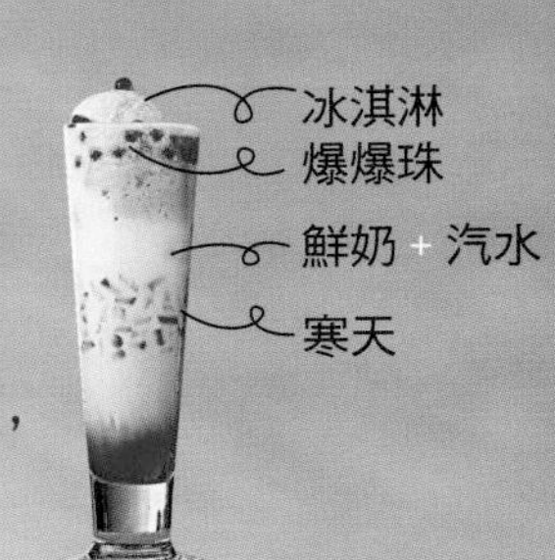

玫瑰風味的飲品十分好喝，加上具有咀嚼感的寒天、爆爆珠，這一杯手搖飲料真的相當豐盛。喔！還加上 2 球冰淇淋。

材料 Assemble

- 寒天 3 大匙
- 冰塊約 200c.c.
- 鮮奶 90c.c.
- 果糖 10c.c.
- 玫瑰糖漿 45c.c.
- 汽水少許
- 冰淇淋 2 球
- 爆爆珠 1 大匙

做法 Recipe

1. 取成品杯，先放入寒天，再加入冰塊。
2. 加入鮮奶、果糖，攪拌均勻。
3. 慢慢加入玫瑰糖漿。
4. 放上 2 球冰淇淋，倒入汽水，再以爆爆珠點綴即完成。

22 玫瑰花蜜爆爆珠

**夢幻的粉色來自純天然的玫瑰花釀，
喝一小口就上癮的夢幻味覺。**

材料 Assemble

- 爆爆珠 3 大匙
- 冰塊約 200c.c.
- 果糖 30c.c.
- 鮮奶 120c.c.
- 玫瑰花釀糖漿稀釋液 150c.c.
- 彩色奶蓋
  （做法參照 P.23）適量

做法 Recipe

1 取成品杯，先放入爆爆珠。

2 加入冰塊、果糖。

3 加入鮮奶，再加入玫瑰花釀糖漿稀釋液。

4 最後鋪上彩色奶蓋即完成。

飲料教室 Drinks

玫瑰寒天聖代加了大量的冰淇淋點綴，是介於飲料與甜點之間的作品。而玫瑰花蜜爆爆珠就是可以大口吸的飲料。玫瑰自古就是美容養顏的聖品，還能舒緩經痛。

23 彩色蝶豆爆爆珠

**蝶豆花與鮮奶，配上豐厚的奶蓋，
以及一顆顆爆爆珠，飲料也可以充滿吃甜點的玩心。**

材料 Assemble
- 蝶豆花 10 朵
- 熱水（90 ～ 100℃）90c.c.
- 爆爆珠 3 大匙
- 冰塊約 200c.c.
- 鮮奶 120c.c.
- 果糖 45c.c.
- 彩色奶蓋（做法參照 P.23）適量

做法 Recipe
1. 蝶豆花以 90c.c. 熱水泡開，約 5 分鐘。
2. 蝶豆花湯汁過濾倒出，冷卻備用。
3. 取成品杯，先加入爆爆珠，再加入冰塊。
4. 加入鮮奶、果糖，攪拌均勻。
5. 加入蝶豆花湯汁，最後鋪上彩色奶蓋即完成。

飲料教室 Drinks

蝶豆花富含花青素，對於提升代謝與消炎都有很好的幫助。一般來說，藍色的飲料很少見，建議想開店的朋友不要錯過這款飲料的創意。

24 冰山美人 (獨特)

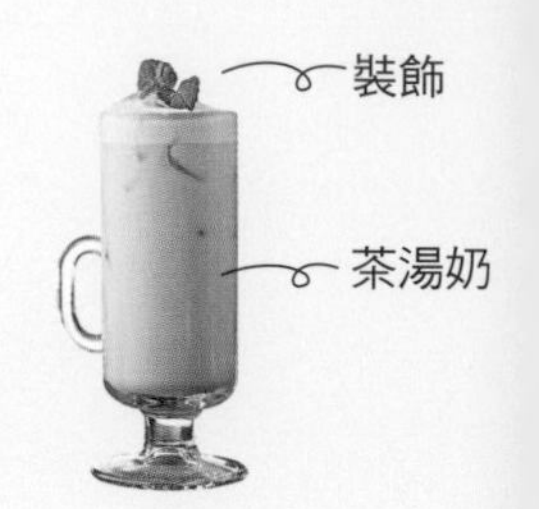

冷豔的艷色與口感，這也是二十年前流行過的茶飲，
現在賦予它新的風貌，想都想不到的美味。

材料 Assemble

- 玄米玉露茶包 1 包，或茶葉 3g.
- 奶精粉 11/2 大匙
- 蜂蜜 45c.c.
- 薄荷蜜糖漿 15c.c.
- 冰塊裝至雪克杯滿，或約 200c.c.

做法 Recipe

1 參照 P.18 泡好茶湯。

2 奶精粉加入茶湯，攪拌均勻。

3 加入蜂蜜與薄荷蜜糖漿，加入冰塊搖盪 15 下，或用炫茶機攪打均勻。

4 取成品杯，倒入搖盪均勻的茶湯即完成。

25 藍海

獨家研發的藍色茶飲，
勢必又要掀起一陣拍照打卡旋風了！

材料 Assemble

- 桂花烏龍茶包 1 包，或茶葉 3g.
- 奶精粉 1 1/2 大匙
- 蜂蜜 45c.c.
- 藍柑糖漿 15c.c.
- 冰塊裝至雪克杯滿，或約 200c.c.

做法 Recipe

1. 參照 P.18 泡好茶湯。
2. 奶精粉加入茶湯，攪拌均勻。
3. 加入蜂蜜與藍柑糖漿，加入冰塊搖盪 15 下，或用炫茶機攪打均勻。
4. 取成品杯，倒入搖盪均勻的茶湯即完成。

26 粉紅醉

二十年前經典茶飲，改頭換面重裝上陣！這一款茶的基本配方，其實曾在台灣小小流行過一陣子，知道的人就暴露出年齡啦！

材料 Assemble

- 四季春茶包1包，或茶葉3g.
- 奶精粉 11/2 大匙
- 蜂蜜 45c.c.
- 紅石榴糖漿 15c.c.
- 冰塊裝至雪克杯滿，或約200c.c.

做法 Recipe

1. 參照 P.18 泡好茶湯。
2. 奶精粉加入茶湯，攪拌均勻。
3. 加入蜂蜜與紅石榴糖漿，加入冰塊搖盪 15 下，或用炫茶機攪打均勻。
4. 取成品杯，倒入搖盪均勻的茶湯即完成。

飲料教室 Drinks

源自於早年台灣泡沫紅茶盛行的年代，經過改造後，讓台灣傳統泡沫紅茶有了新的生命。四季春又稱不知春，因為一年四季生生不息，低溫發酵別具花香，是台灣茗茶。

福爾摩斯

帶有英倫氣息的巧克力奶茶，
只要使用的巧克力品質愈好，整體口感就能大幅提升的一款神秘飲料。

材料 Assemble

- 錫蘭紅茶茶包 1 包，或茶葉 6g.
- 奶精粉 11/2 大匙
- 果糖 30c.c.
- 巧克力糖漿 30c.c.
- 冰塊裝至雪克杯滿，或約 200c.c.

做法 Recipe

1. 參照 P.18 泡好茶湯。
2. 奶精粉加入茶湯，攪拌均勻。
3. 加入果糖，加入冰塊搖盪 15 下，或用炫茶機攪打均勻。
4. 取成品杯，沿著杯身倒入巧克力糖漿，製作不規則圖樣。
5. 倒入搖盪均勻的茶湯即完成。

飲料教室 Drinks

如果手邊沒有很好的巧克力製品，利用一般市售的巧克力糖漿就可以完成這杯飲料的基礎型態。只要能買到更醇厚的可可糖漿或相關商品，這杯飲品的水準必定直線上升！

28 珍珠櫻花奶茶

你可以使用玫瑰花釀糖漿，
也可以購買日本進口的櫻花釀糖漿，成品都很可口！

材料 Assemble

- 櫻花綠茶茶包 1 包，或茶葉6g.
- 奶精粉 11/2 大匙
- 蜂蜜 30c.c.
- 玫瑰花釀糖漿 15c.c.
- 櫻花珍珠 3 大匙
- 冰塊裝至雪克杯滿，或約 200c.c.

做法 Recipe

1. 參照 P.18 泡好茶湯。
2. 奶精粉加入茶湯，攪拌均勻。
3. 加入蜂蜜與玫瑰花釀糖漿，加入冰塊搖盪 15 下，或用炫茶機攪打均勻。
4. 取成品杯，先加入櫻花珍珠（做法參照 P.23），再倒入搖盪均勻的茶湯即完成。

29 紫色夢幻

蝶豆花茶湯奶＋
蜂蜜檸檬汁

蝶豆花最基礎的應用方式大公開，
只要會了這個公式，千變萬化都難不倒你！

材料 Assemble

- 蝶豆花 10 朵
- 熱水（90 ～ 100℃）90c.c.
- 新鮮檸檬汁 30c.c.
- 奶精粉 1 1/2 大匙
- 蜂蜜 45c.c.
- 冰塊裝至雪克杯滿，或約 200c.c.

做法 Recipe

1. 蝶豆花以 90c.c. 熱水泡開，約 5 分鐘。
2. 蝶豆花湯汁過濾倒出，冷卻備用。
3. 新鮮檸檬壓榨成汁。
4. 奶精粉加入蝶豆花湯汁，攪拌均勻。
5. 加入蜂蜜與檸檬汁，加入冰塊搖盪 15 下，或用炫茶機攪打均勻。
6. 取成品杯，倒入搖盪均勻的茶湯即完成。

30 草莓海鹽奶蓋 人氣

以前喝這道飲品，覺得鹹鹹甜甜很奇怪，
沒想到後來愈喝愈上癮，欲罷不能呀！

材料 Assemble

- 錫蘭紅茶茶包 1 包，或茶葉 3g.
- 荔枝濃縮汁 45c.c.
- 蜂蜜 30c.c.
- 海鹽奶蓋（做法參照 P.23）適量
- 草莓珍珠 3 大匙
- 冰塊裝至雪克杯滿，或約 200c.c.

做法 Recipe

1. 參照 P.18 泡好茶湯。
2. 將茶湯、荔枝濃縮汁、蜂蜜加入雪克杯中，加入冰塊，搖盪 15 下，或用炫茶機攪打均勻。
3. 取成品杯，杯底加入珍珠，倒入茶湯，最後鋪上海鹽奶蓋即完成。

31 櫻花奶蓋 人氣

奶蓋的染色技巧應用。利用糖漿把奶蓋染色，
奶蓋還會有股甜甜的花香。

材料 Assemble

- 櫻花綠茶茶包 1 包，或茶葉3g.
- 蜂蜜 30c.c.
- 奶蓋
  （做法參照 P.23）適量
- 櫻花糖漿少許
- 冰塊裝至雪克杯滿，或約 200c.c.

做法 Recipe

1. 參照 P.18 泡好茶湯。
2. 將茶湯、蜂蜜加入雪克杯中，加入冰塊，搖盪 15 下，或用炫茶機攪打均勻。
3. 將打好的奶蓋加入櫻花糖漿，染成櫻花色。
4. 取成品杯，倒入茶湯，最後鋪上櫻花色奶蓋即完成。

32 綠茶奶蓋

知名經典奶蓋始祖，所有關於奶蓋的戰爭都從這一杯開始。

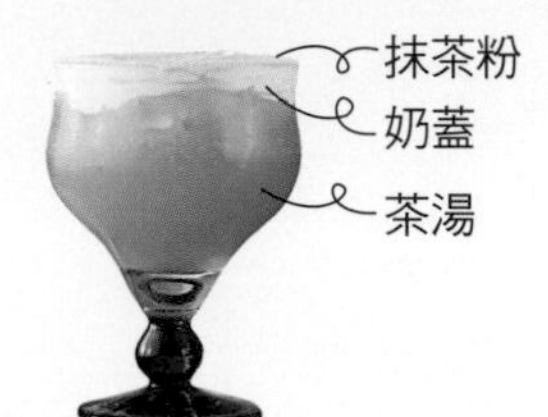

材料 Assemble

- 玉露綠茶茶包 1 包，或茶葉 3g.
- 果糖 30c.c.
- 奶蓋
（做法參照 P.23）適量
- 抹茶粉少許
- 冰塊裝至雪克杯滿，或約 200c.c.

做法 Recipe

1 參照 P.18 泡好茶湯。

2 將茶湯、果糖加入雪克杯中，加入冰塊，搖盪 15 下，或用炫茶機攪打均勻。

3 取成品杯，倒入茶湯，最後鋪上奶蓋，撒上抹茶粉即完成。

33 芒果奶蓋烏龍

芒果汁或果肉都可以與這種茶湯組合，加入夏雪芒果做成的果醬，更是奢侈的吃法。

材料 Assemble

- 桂花烏龍茶茶包 1 包，或茶葉 3g.
- 芒果濃縮汁 45c.c.
- 蜂蜜 30c.c.
- 芒果奶蓋適量
（做法參照 P.23）適量
- 冰塊裝至雪克杯滿，或約 200c.c.

做法 Recipe

1 參照 P.18 泡好茶湯。

2 將茶湯、芒果濃縮汁、蜂蜜加入雪克杯中，加入冰塊，搖盪 15 下，或用炫茶機攪打均勻。

3 取成品杯，倒入茶湯，最後鋪上奶蓋即完成。

34 檸迷金盞花茶

金盞花與迷迭香，看似平淡無奇，透過蜂蜜的點綴，透出一股迷人的甘甜韻味。

材料 Assemble

- 檸檬草 2 大匙
- 迷迭香 1/2 大匙
- 金盞花 1 大匙
- 茉莉花少許
- 熱水（90～100℃）180c.c.
- 蜂蜜 45c.c.
- 冰塊裝至雪克杯滿，或約 200c.c.

做法 Recipe

1 除了茉莉花，將其他花草以 180c.c. 熱水泡約 5 分鐘，泡開。

2 將茶湯過濾後倒入雪克杯中冷卻。

3 加入蜂蜜、冰塊，搖盪 15 下，倒入成品杯中，以茉莉花點綴即完成。

35 茉莉甘菊花茶

即使配方組成和洋茉玫瑰花茶一樣，但只要比例不同，便能呈現不同風味。

材料 Assemble

- 茉莉花 1 大匙
- 洋甘菊 2 大匙
- 玫瑰花 1 朵
- 熱水（90～100℃）180c.c.
- 蜂蜜 45c.c.
- 冰塊裝至雪克杯滿，或約 200c.c.

做法 Recipe

1 除了玫瑰花，將其他花草以 180c.c. 熱水泡約 5 分鐘，泡開。

2 將茶湯過濾後倒入雪克杯中冷卻。

3 加入蜂蜜、冰塊，搖盪 15 下，倒入成品杯中，以玫瑰花點綴即完成。

36 洋茉玫瑰花茶 獨特

這款飲品和茉莉甘菊花茶配方相同，
偶爾嘗試變更比例，會有意想不到的結果。

玫瑰花瓣
花茶湯

材料 Assemble

- 玫瑰花 2 大匙
- 茉莉花 1/2 大匙
- 洋甘菊 1/2 大匙
- 玫瑰花瓣少許
- 熱水（90 ～ 100℃）180c.c.
- 蜂蜜 45c.c.
- 冰塊裝至雪克杯滿，或約 200c.c.

做法 Recipe

1. 除了玫瑰花瓣，將玫瑰花、茉莉花和洋甘菊以 180c.c. 熱水泡約 5 分鐘，將所有花草泡開。
2. 將茶湯過濾後倒入雪克杯中冷卻備用。
3. 加入蜂蜜、冰塊，搖盪 15 下。
4. 取成品杯，倒入搖盪均勻的茶湯，最後以玫瑰花瓣點綴即完成。

37 紫桂可爾必思 人氣

花草茶與可爾必思的交流，意想不到的組合。

材料 Assemble

- 紫羅蘭 3 大匙
- 桂花 1 大匙
- 香蜂葉少許
- 果糖 30c.c.
- 可爾必思 60c.c.
- 新鮮檸檬汁 30c.c.
- 熱水（90 ～ 100℃）180c.c.
- 冰塊裝至雪克杯滿，或約 200c.c.

做法 Recipe

1. 除了香蜂葉，將紫羅蘭、桂花以 180c.c. 熱水泡約 5 分鐘，將所有花草泡開。
2. 新鮮檸檬壓榨成汁。
3. 將茶湯過濾後倒入雪克杯中冷卻備用。
4. 加入冰塊，倒入果糖與可爾必思，搖盪 15 下。
5. 取成品杯，倒入搖盪均勻的茶湯、檸檬汁，最後以香蜂葉點綴即完成。

38 玫瑰菊蜜花茶

打破花草茶的規矩，一次使用三種香氣濃郁的花朵類，卻依然可以保有和諧感。

材料 Assemble

- 紫羅蘭 11/2 大匙
- 玫瑰花 5 朵
- 洋甘菊 1 大匙
- 熱水（90 ～ 100℃）500c.c.
- 蜂蜜 45c.c.

做法 Recipe

1. 將紫羅蘭、玫瑰花和洋甘菊以 500c.c. 熱水泡約 5 分鐘，將所有花草泡開。
2. 蜂蜜可以依照個人喜好，酌量加入杯中飲用。

39 薄荷菩提花茶

**以菩提葉為基底，淡淡的菊花與薄荷，
有助於習慣做瑜珈或打禪的人收攝心神。**

材料 Assemble

- 薄荷葉 6 片
- 菩提葉 10 片
- 洋甘菊 1/2 大匙
- 迷迭香 1/2 大匙
- 熱水（90 ～ 100℃）500c.c.
- 蜂蜜 45c.c.

做法 Recipe

1. 將薄荷葉、菩提葉、洋甘菊和迷迭香，先以 500c.c. 熱水泡約 5 分鐘，將所有花草泡開。
2. 蜂蜜可以依照個人喜好，酌量加入杯中飲用。

紫羅蘭玫瑰檸檬汁

利用檸檬的酸香，提點出玫瑰的特色，
仿造瑰麗神秘的西方國度傳來的玫瑰水。

材料 Assemble

- 紫羅蘭 11/2 大匙
- 玫瑰花 5 朵
- 香蜂葉 1/3 大匙
- 熱水（90 ～ 100℃）500c.c.
- 新鮮檸檬汁 30 c.c.
- 蜂蜜 45 c.c.

做法 Recipe

1. 將紫羅蘭、玫瑰花和香蜂葉以 500c.c. 熱水泡約 5 分鐘，將所有花草泡開。
2. 新鮮檸檬壓榨成汁。
3. 將檸檬汁倒入壺中，欣賞茶湯變色。
4. 蜂蜜可以依照個人喜好，酌量加入杯中飲用。

飲料教室 Drinks

茶色泡開，再將新鮮檸檬汁倒入茶壺中。或是在杯中滴入少許檸檬汁，讓每杯的風味層次都不同。可以消除眼睛疲勞，降低血脂，排除體內毒素。

41 百花仙子

獨特

茶球在熱水壺中緩緩張開，
美麗的姿態，如仙女曼妙的舞姿。

材料 Assemble

- 百花仙子（工藝花茶）1 顆
- 蜂蜜 30c.c.
- 熱水
（90 ～ 100℃）300c.c.

做法 Recipe

1 杯中倒入熱水，放入工藝花茶，靜待開花。

2 酌量加入蜂蜜，飲用時再攪拌即可。

42 | 花言茶語

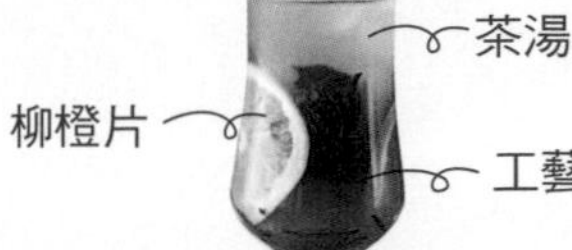

真的是無心插柳柳橙汁，想都沒想，
就把工藝茶跟水果結合，從此開始喝起了花樣百出的工藝茶。

材料 Assemble

- 花言茶語（工藝花茶）1 顆
- 熱水
  （90 ～ 100℃）300c.c.
- 新鮮柳橙 2 片
- 蜂蜜 10c.c.
- 柳橙濃縮汁 30c.c.

做法 Recipe

1. 杯中倒入熱水，放入工藝花茶，靜待開花。
2. 加入濃縮汁、柳橙片。
3. 酌量加入蜂蜜，飲用時再攪拌即可。

43 國色天香

工藝茶球

茶湯

可以使用鳳梨濃縮汁，
也可以使用鳳梨果醬或新鮮鳳梨汁，取其色香，風味十足。

材料 Assemble

- 國色天香（工藝花茶）1 顆
- 熱水
  （90 ～ 100℃）300c.c.
- 鳳梨濃縮汁 30c.c.
- 新鮮鳳梨 2 片
- 蜂蜜 10c.c.

做法 Recipe

1. 杯中倒入熱水，放入工藝花茶，靜待開花。
2. 加入濃縮汁、鳳梨片。
3. 酌量加入蜂蜜，飲用時再攪拌即可。

44 百合花蘭

沖泡與飲用的過程中，散出清新的花香，
同時也能欣賞花朵綻放，擁有視覺、味覺雙重享受。

材料 Assemble

- 百合花蘭（工藝花茶）1 顆
- 熱水
（90 ～ 100℃）300c.c.
- 百香果濃縮汁 30c.c. 或
新鮮百香果 2 顆
- 蜂蜜 10c.c.

做法 Recipe

1 杯中倒入熱水，放入工藝花茶，靜待開花。

2 加入百香果濃縮汁或新鮮百香果果肉。

3 酌量加入蜂蜜，飲用時再攪拌即可。

45 花開莓香

獨特

蔓越莓的果酸並不會把工藝茶的風味搶走，
反而還會帶出一股清幽的花香。

材料 Assemble

- 花言茶語（工藝花茶）1 顆
- 熱水
  （90 ～ 100℃）300c.c.
- 蔓越莓糖漿 30c.c.
- 新鮮蔓越莓 2 大匙
- 蜂蜜 10c.c.

做法 Recipe

1 杯中倒入熱水，放入工藝花茶，靜待開花。

2 壓榨新鮮蔓越莓。

3 加入蔓越莓糖漿、蔓越莓汁。

4 酌量加入蜂蜜，飲用時再攪拌即可。

飲料教室 Drinks

工藝花茶分為綻放型、躍動型和飄絮型三種，等待花朵完全開放後再加入糖漿與果汁，以免果汁降低茶湯溫度，導致花朵開綻的速度變慢。

特調飲品 Special

這個單元使用了許多特殊的材料，
調出一杯杯顏色奪目、
造型獨特的飲品，
例如顏色夢幻的蝶豆與藍柑可爾必思、
山峰外型的蛋霜百香果茶、
善用花草茶冰塊的飲料等，
杯杯都是視覺的饗宴。

喜歡 IG 或臉書打卡的人，
這裡的獨特飲品讓你更好拍，
而且拍完還能大口暢飲。
優雅的女性與文青們，
獨特配方的花茶讓你的生活更有氛圍。

46 荔枝金萱茶凍 獨特

茶湯＋濃縮汁

茶凍

分子廚藝我們很早就嘗試過了，布丁果凍就是一種。
用烏龍茶製成的洋菜茶凍，Q 彈有勁，
毫無添加物，吃起來沒有負擔。

材料 Assemble

- 金萱茶茶包 1 包，或茶葉6g.
- 荔枝濃縮汁 45c.c.
- 蜂蜜 15c.c.
- 烏龍茶凍（做法參照 P.25）2 大匙
- 冰塊裝至雪克杯滿，或約 200c.c.

做法 Recipe

1 參照 P.18 泡好茶湯。

2 將茶湯、荔枝濃縮汁、蜂蜜加入雪克杯中，加入冰塊，搖盪 15 下，或用炫茶機攪打均勻。

3 取成品杯，杯中加入茶凍，倒入茶湯即完成。

47 蛋霜百香果茶 獨特

還可以把蛋白霜隔水加熱，
稍微固化之後盛放在杯口，效果風味依然不減！

材料 Assemble
- 烤茶茶包 1 包，或茶葉 6g.
- 百香果濃縮汁 45c.c.
- 蜂蜜 15c.c.
- 百香果珍珠 2 大匙
- 冰塊裝至雪克杯滿，或約 200c.c.
- 蛋白霜（做法參照 P.24）適量

做法 Recipe
1 參照 P.18 泡好茶湯。
2 將茶湯、百香果濃縮汁、蜂蜜加入雪克杯中，加入冰塊，搖盪 15 下，或用炫茶機攪打均勻。
3 取成品杯，加入百香果珍珠，倒入茶湯，最後鋪上蛋白霜即完成。

48 浮雲咖啡

這是一道造型獨特的咖啡，除了以冰咖啡製作，也可以用熱咖啡，各有不同風味。

材料 Assemble

- 冰咖啡 450c.c.
- 蛋白霜
（做法參照 P.24）適量
- 咖啡冰塊
（做法參照 P.24）適量

做法 Recipe

1 參照 P.20 沖泡冰咖啡。

2 取成品杯，杯中加入冰咖啡、咖啡冰塊。

3 最後再鋪上一層蛋白霜即完成。

49 霜凍薰衣草

使用自製冰塊的好處，
就是飲料的濃度永遠不會因為退冰而變淡，保留風味。

材料 Assemble

- 薰衣草 1 大匙
- 熱水（90 ～ 100℃）
- 玫瑰花釀糖漿 45c.c.
- 蜂蜜 10c.c.
- 薰衣草冰塊
（做法參照 P.24，裝至雪克杯滿，或約 200c.c.）

做法 Recipe

1. 將薰衣草加入熱水，泡 5 分鐘後，過濾湯汁倒入雪克杯中。
2. 加入玫瑰花釀糖漿、蜂蜜，加入薰衣草冰塊，搖盪 15 下。
3. 取成品杯，倒入茶湯、薰衣草冰塊即完成。

50 永恆玫瑰

這杯浪漫優雅的飲品，
每一顆冰塊上面都有一小朵玫瑰花，用來談情說愛也不錯。

材料 Assemble

- 玫瑰花釀糖漿 45c.c.
- 玫瑰糖漿 10c.c.
- 汽水 120c.c.
- 蜂蜜 10c.c.
- 薰衣草冰塊
（做法參照 P.22，裝至雪克杯滿，或約 200c.c.）

做法 Recipe

1 將玫瑰花釀糖漿、玫瑰糖漿和蜂蜜倒入雪克杯中。

2 加入薰衣草冰塊，搖盪 15 下。

3 取成品杯，倒入搖盪均勻的茶湯，再慢慢倒入汽水即完成。

飲料教室 Drinks

花草茶冰塊可以大量製作，而且各式花草茶都可以製成冰塊。建議製作花茶冰塊的茶湯可以泡濃一點，這樣風味更佳。薰衣草能紓解壓力，幫助入眠，但有催經效果，孕婦不宜。

51 柚香可爾必思 獨特

**以酸爽多汁的優質葡萄柚調製飲料，
搭配微酸甜的可爾必思，夏季的沁涼飲品。**

材料 Assemble
- 新鮮葡萄柚汁 120c.c.
- 可爾必思 120c.c.
- 果糖 45c.c.
- 冰塊約 200c.c.

做法 Recipe
1 新鮮葡萄柚壓榨成汁。
2 取成品杯，先加入果糖、可爾必思，攪拌均勻。
3 加入冰塊。
4 最後倒入葡萄柚汁即完成。

飲料教室 Drinks

紅寶石葡萄柚的酸度比較明亮，台灣白柚的甜度非常清香，如果是用韓國柚子則又有另一種風味。各種柚子都與可爾必思很合，可以多方嘗試。

52 蝶豆可爾必思 獨特

蝶豆花茶湯

可爾必思＋果糖

顏色獨特的蝶豆花，是天然的染色劑。
搭配乳白色的可爾必思，完成顏色分明的飲料。

材料 Assemble

- 蝶豆花 8 朵
  （另取少許裝飾用）
- 熱水
  （90 ～ 100℃）130c.c.
- 可爾必思 120c.c.
- 果糖 45c.c.
- 冰塊約 200c.c.

做法 Recipe

1. 蝶豆花以 130c.c. 熱水泡開，約 5 分鐘。
2. 蝶豆花茶湯過濾倒出。
3. 取成品杯，放入果糖、可爾必思攪拌均勻，加入冰塊。
4. 慢慢倒入蝶豆花茶湯，以少許蝶豆花裝飾即完成。

53 黑枸杞可爾必思 獨特

枸杞茶湯
＋果糖
可爾必思
＋果糖

黑枸杞是繼冬蟲夏草之後，又一藏地良藥，藏文「旁瑪」的黑枸杞，有各種微量元素，是藏醫常用的珍貴藥材之一。

材料 Assemble
- 黑枸杞 6g.
- 溫水（60℃）130c.c.
- 可爾必思 120c.c.
- 果糖 45c.c.
- 新鮮檸檬汁 30c.c.
- 冰塊約 200c.c.

做法 Recipe
1. 黑枸杞以 130c.c. 溫水泡開，約 5 分鐘。
2. 新鮮檸檬壓榨成汁。
3. 黑枸杞茶湯過濾倒出。
4. 取成品杯，放入果糖、可爾必思攪拌均勻，加入冰塊。
5. 先慢慢倒入黑枸杞茶湯，再慢慢倒入檸檬汁即完成。

54 紅石榴可爾必思

獨特

風情萬種的石榴，酸甜的氣味恰到好處，
除了調飲品、調酒，做成刨冰也非常好吃。

材料 Assemble

- 紅石榴糖漿 45c.c.
- 冰塊約 200c.c.
- 果糖 30c.c.
- 可爾必思 120c.c.

做法 Recipe

1. 杯中放入冰塊，倒入紅石榴糖漿。
2. 加入果糖，攪拌均勻。
3. 慢慢倒入可爾必思即完成。

55 藍柑可爾必思

獨特

冰塊
混合液體
糖漿

如果調得濃郁一點，還可以直接淋在刨冰上，
清涼的視覺，讓人心曠神怡。

材料 Assemble

- 藍柑糖漿 45c.c.
- 冰塊約 200c.c.
- 果糖 30c.c.
- 可爾必思 120c.c.

做法 Recipe

1. 杯中放入冰塊，倒入藍柑糖漿。
2. 加入果糖，攪拌均勻。
3. 慢慢倒入可爾必思即完成。

56 葡萄可爾必思

新鮮葡萄汁和可爾必思的組合，加點汽水也格外好喝。

材料 Assemble

- 可爾必思 120c.c.
- 果糖 45c.c.
- 新鮮葡萄汁 120c.c.
- 冰塊約 200c.c.

做法 Recipe

1. 取成品杯，放入果糖、可爾必思，並且攪拌均勻。
2. 加入冰塊，最後慢慢倒入葡萄汁即完成。

57 紫羅蘭檸檬汁

在古色古香的青瓦巷弄之間，飄起了綿綿細雨時，景色看起來帶點幽微的夢幻紫色。

材料 Assemble

- 紫羅蘭 10 朵（另取少許裝飾用）
- 熱水（90～100℃）90c.c.
- 可爾必思 120c.c.
- 果糖 45c.c.
- 新鮮檸檬汁 30c.c.
- 冰塊約 200c.c.

做法 Recipe

1. 紫羅蘭以 130c.c. 熱水泡開，約 5 分鐘，過濾茶湯，放至冷卻。
2. 果糖、可爾必思倒入成品杯中拌勻，依序加入冰塊、茶湯，慢慢倒入檸檬汁即完成。

58 可爾必思莫西多 人氣

清爽沁涼的夏日飲品，不含酒精，喝了也不會醉。

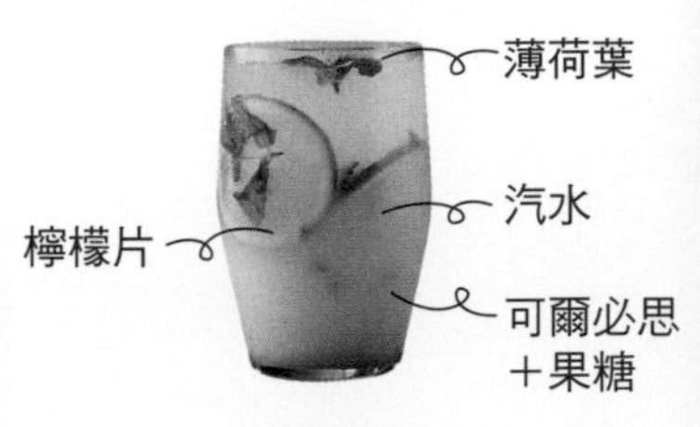

材料 Assemble

- 可爾必思 120c.c.
- 果糖 15c.c.
- 汽水適量
- 新鮮檸檬 2 片
- 新鮮薄荷葉 5 片
- 冰塊約 200c.c.

做法 Recipe

1 取成品杯，放入檸檬片、薄荷葉，輕輕搗壓。

2 加入冰塊。

3 加入果糖、可爾必思，最後倒滿汽水即完成。

59 百香果可爾必思 獨特

徐徐倒入各層次的液體，利用不同的甜度比重，呈現出美麗的漸層。

材料 Assemble

- 蝶豆花 8 朵
- 熱水（90～100℃）90c.c.
- 可爾必思 90c.c.
- 稀釋後的百香果汁 90c.c.（濃縮汁與飲用水以 1：5 混合即可稀釋）
- 果糖 45c.c.
- 新鮮檸檬汁 30c.c.
- 冰塊約 200c.c.

做法 Recipe

1 蝶豆花泡開，過濾茶湯；百香果濃縮汁稀釋。

2 果糖、可爾必思倒入成品杯拌勻，加入冰塊，再慢慢倒入百香果汁、茶湯和檸檬汁即完成。

learn
to fall
before
you
how to

60 冬瓜檸檬汁

一定要遵照古法製作，
用現榨檸檬製作，無比好喝！

材料 Assemble

- 冬瓜茶 150c.c.
- 新鮮檸檬汁 30c.c.
- 果糖 15c.c.
- 冰塊裝至雪克杯滿，或約 200c.c.

做法 Recipe

1. 視購買品牌的包裝袋上還原比例的說明，準備好糖磚還原液或稀釋後的冬瓜濃縮汁，取得 150c.c. 冬瓜茶使用。
2. 新鮮檸檬壓榨成汁。
3. 將冬瓜茶、檸檬汁、果糖加入雪克杯中，加入冰塊搖盪 15 下。
4. 取成品杯，倒入搖盪均勻的飲料即完成。

飲料教室 Drinks

用新鮮檸檬才能提調出冬瓜茶的甜味，所有的原料跟製作過程按部就班，就可以製作出最正統的古早味。

61 冬瓜茶 經典

糖磚風味略勝濃縮汁一籌，
如果可以自己手炒冬瓜糖，那滋味會更加美妙。

材料 Assemble

- 冬瓜茶 150c.c.
- 黑砂糖 1/2 大匙
- 冰塊裝至雪克杯滿，或約 200c.c.

做法 Recipe

1. 準備好糖磚還原液或稀釋後的冬瓜濃縮汁。
2. 加入黑砂糖攪拌均勻。
3. 將所有材料加入雪克杯中，加入冰塊搖盪 15 下。
4. 取成品杯，倒入搖盪均勻的飲料即完成。

62 冬瓜鮮奶 獨特

鮮奶中和了冬瓜茶的甜，
於傳統經典中加入些許變化，不敗的選擇。

材料 Assemble

- 冬瓜茶 150c.c.
- 鮮奶 100c.c.
- 黑砂糖 1/2 大匙
- 冰塊裝至雪克杯滿，或約 200c.c.

做法 Recipe

1. 準備好糖磚還原液或稀釋後的冬瓜濃縮汁。
2. 將冬瓜茶、鮮奶、黑砂糖加入雪克杯中，加入冰塊搖盪 15 下。
3. 取成品杯，倒入搖盪均勻的飲料即完成。

63 冬瓜青茶 經典

古早味的意思很簡單，手邊有的，加在一起就是了。阿公茶盤上的青茶跟金孫手裡的冬瓜茶，絕配！

材料 Assemble

- 青茶茶包1包，或茶葉6g.
- 冬瓜濃縮汁 30c.c.
- 冰塊裝至雪克杯滿，或約 200c.c.

做法 Recipe

1. 參照 P.18 泡好茶湯。
2. 將茶湯、冬瓜濃縮汁加入雪克杯中。
3. 加入冰塊搖盪 15 下，或用炫茶機攪打均勻。
4. 取成品杯，倒入搖盪均勻的飲料即完成。

64 甘蔗牛奶 人氣

簡單的甘蔗汁加上牛奶，這麼好喝，現壓甘蔗汁的老闆都要哭了。

材料 Assemble

- 甘蔗汁 150c.c.
- 鮮奶 90c.c.
- 冰塊裝至雪克杯滿，或約 200c.c.

做法 Recipe

1. 將甘蔗汁、鮮奶加入雪克杯中。
2. 加入冰塊搖盪 15 下。
3. 取成品杯，倒入搖盪均勻的飲料即完成。

65 古早味紅茶

製作的重點是決明子一定要炒過，否則會有微毒。二砂也一定要炒過，調製的飲品才能保存古早味。

材料 Assemble
- 紅茶茶包1包，或茶葉6g.
- 炒熟的決明子 2g.
- 炒過的二號砂糖 1 大匙
- 冰塊裝至雪克杯滿，或約 200c.c.

做法 Recipe
1. 參照 P.18 泡好茶湯。
2. 將紅茶、決明子泡約 5 分鐘，過濾出茶湯。茶湯與二號砂糖攪拌均勻。
3. 將茶湯、冰塊加入雪克杯中，搖盪 15 下。
4. 取成品杯，倒入搖盪均勻的飲料即完成。

66 甘蔗檸檬汁

呷涼是台灣最有歷史的飲食文化，一點點酸香的檸檬，可以消暑退油膩。

材料 Assemble
- 甘蔗汁 180c.c.
- 新鮮檸檬汁 30c.c.
- 冰塊約 200c.c.

做法 Recipe
1. 新鮮檸檬壓榨成汁。
2. 取成品杯，倒入甘蔗汁。
3. 加滿冰塊，最後倒入檸檬汁即完成。

Part 3

果汁＆咖啡飲品

Juice & Coffee

除了以茶類為基底的飲品，
果汁、咖啡也是極佳的基底飲料。
果汁可以搭配鮮奶油、新鮮水果，
完成一杯杯外型可愛
又健康的雲朵系列飲品。

咖啡的受歡迎程度絕對不亞於各種茶，
試著將冷、熱咖啡與各式糖漿、
冰淇淋混搭，
每一杯成品，不管是經典、
獨特的創意風味，
都讓人一看見就口渴，
恨不得立刻大口暢飲，
哪管四季，先品嘗再說！

67 火龍果雲朵 獨特

真是漂亮、營養的火龍果昔！
火龍果泥可以讓身體更易吸收，
還可以使用龍眼花蜜，提升香氣。

材料 Assemble
- 火龍果 1顆
- 冰水 90c.c.
- 蜂蜜 45c.c.
- 冰塊約 530c.c.
- 鮮奶油（做法參照 P.23）

做法 Recipe
1. 火龍果去皮切塊，倒入冰砂機中。
2. 加入冰水、蜂蜜。
3. 加入冰塊，用冰砂機攪打成果泥。
4. 取成品杯，在杯壁塗抹鮮奶油，製造雲朵的圖樣，加入打好的果泥即完成。

68 鳳梨雲朵

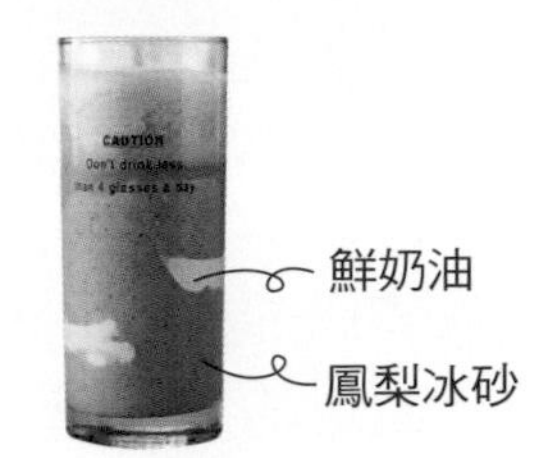

好喝的絕竅就是不要過濾，
把鳳梨的酵素與纖維一起吃下肚，
少許的鹽可以提味，還讓鳳梨不刮嘴。

材料 Assemble

- 鳳梨 100g.
- 新鮮檸檬汁 15c.c.
- 冰水 90c.c.
- 蜂蜜 45c.c.
- 冰塊約 530c.c.
- 鮮奶油（做法參照 P.23）

做法 Recipe

1. 鳳梨切塊備用；新鮮檸檬壓榨成汁。
2. 將鳳梨、檸檬汁、冰水和蜂蜜倒入冰砂機中。
3. 加入冰塊，用冰砂機攪打成果泥。
4. 取成品杯，在杯壁塗抹鮮奶油，製造雲朵的圖樣，加入打好的果泥即完成。

69 葡萄香蕉雲朵 獨特

葡萄跟香蕉的組合，意想不到的美味與營養，
不愛吃水果的人有福了。

材料 Assemble

- 葡萄 100g.
- 香蕉 1 根
- 冰水 90c.c.
- 蜂蜜 45c.c.
- 冰塊約 530c.c.
- 鮮奶油（做法參照 P.23）

做法 Recipe

1. 葡萄洗淨；香蕉剝皮後切塊。
2. 將葡萄、香蕉、冰水和蜂蜜倒入冰砂機中。
3. 加入冰塊，用冰砂機攪打成果泥。
4. 取成品杯，在杯壁塗抹鮮奶油，製造雲朵的圖樣，加入打好的果泥即完成。

70 奇異果雲朵

**這些水果都飽含維他命 C，
一天一杯，身體更健康！**

材料 Assemble

- 奇異果 1 顆
- 新鮮柳橙汁 90c.c.
- 新鮮檸檬汁 15c.c.
- 蜂蜜 30c.c.
- 冰塊約 530c.c.
- 鮮奶油（做法參照 P.23）

做法 Recipe

1. 奇異果去皮後切塊；柳橙、檸檬壓榨成汁。
2. 將奇異果、檸檬汁和蜂蜜倒入冰砂機中。
3. 加入冰塊，用冰砂機攪打成果泥。
4. 取成品杯，在杯壁塗抹鮮奶油，製造雲朵的圖樣，加入打好的果泥，最後加入柳橙汁即完成。

71 一日蘋果氣泡飲 人氣

一日一蘋果，醫生遠離我。
蘋果濃縮汁可以換成新鮮現榨蘋果汁，
喝出真正的營養健康與美味。

材料 Assemble
- 蘋果果乾 2 片
- 草莓果乾 2 顆
- 熱水（90 ～ 100℃）100c.c.
- 果糖 10c.c.
- 蘋果濃縮汁 45c.c.
- 冰塊裝至雪克杯滿，或約 200c.c.
- 汽水適量

做法 Recipe
1. 蘋果、草莓果乾以 100c.c. 熱水泡開，約 5 分鐘。
2. 過濾出湯汁倒入雪克杯中，放至冷卻；泡好的果乾備用。
3. 湯汁冷卻後，加入果糖、蘋果濃縮汁。
4. 加入冰塊，搖盪 15 下。
5. 取成品杯，倒入搖盪好的飲料，加入泡發的果乾，最後再慢慢倒入汽水即完成。

72 哈密瓜乾氣泡飲 獨特

汽水
水果乾
濃縮汁
＋果糖

哈密瓜乾單吃就很好吃，
泡開之後調成氣泡飲，配上鳳梨汁的酸度，風味宜人。

材料 Assemble

- 哈密瓜果乾 2 片
- 柳橙果乾 2 片
- 熱水（90 ～ 100℃）100c.c.
- 果糖 10c.c.
- 鳳梨濃縮汁 45c.c.
- 汽水適量
- 冰塊裝至雪克杯滿，或約 200c.c.

做法 Recipe

1. 哈密瓜、柳橙果乾以 100c.c. 熱水泡開，約 5 分鐘。
2. 過濾出湯汁倒入雪克杯中，放至冷卻；泡好的果乾備用。
3. 湯汁冷卻後，加入果糖、鳳梨濃縮汁。
4. 加入冰塊，搖盪 15 下。
5. 取成品杯，倒入搖盪好的飲料，加入泡發的果乾，最後再慢慢倒入汽水即完成。

73 紅酒水果汁

冰鎮過的紅酒，配上新鮮水果，提升了紅酒的香氣，還能降低嘴中單寧澀味。法國逐年攀高的熱浪氣溫，是時候來杯冰紅酒了。

材料 Assemble

- 柳橙 2 片
- 檸檬 2 片
- 蘋果 2 片
- 微熱紅酒 150c.c.
- 冰塊約 200c.c.

做法 Recipe

1. 柳橙片、檸檬片和蘋果片切適當大小。
2. 取成品杯，放入切好的水果片，倒入紅酒。
3. 最後加入冰塊即完成。

74 檸檬沁涼飲 人氣

有了薄荷與檸檬這麼絕配的搭檔，
整個夏天都可以暢快舒爽了！

材料 Assemble
- 鳳梨果乾 2 片
- 檸檬果乾 2 片
- 熱水（90 ～ 100℃）150c.c.
- 蜂蜜 10c.c.
- 鳳梨濃縮汁 45c.c.
- 薄荷葉 6 片
- 冰塊裝至雪克杯滿，或約 200c.c.

做法 Recipe
1. 鳳梨、檸檬果乾、薄荷葉以 150c.c. 熱水泡開，約 5 分鐘。
2. 過濾出湯汁倒入雪克杯中，放至冷卻；泡好的果乾、薄荷葉備用。
3. 湯汁冷卻後，加入蜂蜜、鳳梨濃縮汁。
4. 加入冰塊，搖盪 15 下。
5. 取成品杯，倒入搖盪好的飲料，加入泡發的果乾、薄荷葉即完成。

75 柚香水果飲 人氣

韓國進口的柚子果醬一般都是直接沖泡，
如果配上果乾與新鮮水果，甚至點綴一點香蜂葉或薄荷香草，
都可以烘托出柚子皮的馨香。

材料 Assemble
- 柚子果乾 2 片
- 柳橙果乾 1 片
- 草莓果乾 1 顆
- 熱水（90 ～ 100℃）150c.c.
- 蜂蜜 15c.c.
- 柚子果醬 45c.c.
- 香蜂葉 3 片
- 冰塊裝至雪克杯滿，或約 200c.c.

做法 Recipe
1. 柚子、柳橙和草莓果乾、香蜂葉以 150c.c. 熱水泡開，約 5 分鐘。
2. 過濾出湯汁倒入雪克杯中，放至冷卻；泡好的果乾、香蜂葉備用。
3. 湯汁冷卻後，加入蜂蜜、柚子果醬。
4. 加入冰塊，搖盪 15 下。
5. 取成品杯，倒入搖盪好的飲料，加入泡發的果乾、香蜂葉即完成。

76 火龍果乾氣泡飲

獨特

**火龍果烘成的果乾，看起來像染色的芝麻糖，
泡在水中浮出淡淡的紫色，看了賞心悅目。**

材料 Assemble

- 火龍果果乾 2 片
- 鳳梨果乾 2 片
- 熱水（90 ～ 100℃）100c.c.
- 果糖 10c.c.
- 蔓越莓糖漿 45c.c.
- 冰塊裝至雪克杯滿，或約 200c.c.
- 汽水適量

做法 Recipe

1. 火龍果、鳳梨果乾以 100c.c. 熱水泡開，約 5 分鐘。
2. 過濾出湯汁倒入雪克杯中，放至冷卻；泡好的果乾備用。
3. 湯汁冷卻後，加入果糖、蔓越莓糖漿。
4. 加入冰塊，搖盪 15 下。
5. 取成品杯，倒入搖盪好的飲料，加入泡發的果乾，最後再慢慢倒入汽水即完成。

77 聖誕紅酒

紅酒
水果+香料

德國漢堡的傳統聖誕市集上，
最多人排隊搶著喝的就是這款帶點果香與辛辣香料氣息，
暖呼呼的紅酒。喝紅酒的馬克杯還可以帶回家當作紀念！

材料 Assemble

- 紅酒 500c.c.
- 水梨 2 片
- 蘋果 2 片
- 肉桂、丁香、八角少許

做法 Recipe

1. 將紅酒、水梨和蘋果，以及肉桂、丁香、八角倒入煮鍋中，以小火煮 3 分鐘。
2. 取成品杯，倒入煮好的飲品即完成。

78 芒果橘子汁 人氣

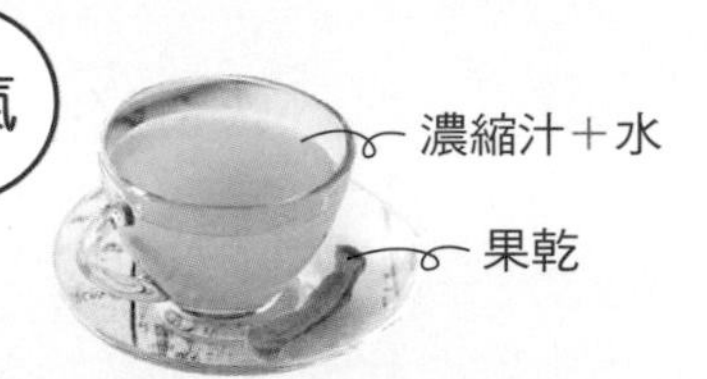

特選玉井芒果乾，用熱水沖出果香，
溫溫熱熱地享用被收藏起來的夏日陽光。

材料 Assemble

- 芒果果乾 2 片
- 橘子果乾 2 片
- 熱水
  （90 ～ 100℃）450c.c.
- 蜂蜜 15c.c.
- 芒果濃縮汁 45c.c.
- 柳橙濃縮汁 15c.c.

做法 Recipe

1. 將芒果、橘子果乾和 450c.c. 熱水倒入壺中泡一下，約 5 分鐘。
2. 加入蜂蜜、芒果濃縮汁、柳橙濃縮汁攪拌均勻即完成。

79 哈密鳳梨蜂蜜汁 經典

嚴選嘉義本地鳳梨乾，搭配香氣十足的哈密瓜，
台灣豐饒的土地，藏在小小一壺天地裡。

材料 Assemble

- 哈密瓜果乾 2 片
- 鳳梨果乾 1 片
- 熱水（90 ～ 100℃）450c.c.
- 蜂蜜 15c.c.
- 哈密瓜濃縮汁 45c.c.

做法 Recipe

1. 將哈密瓜、鳳梨果乾和 450c.c. 熱水倒入壺中泡一下，約 5 分鐘。
2. 加入蜂蜜、哈密瓜濃縮汁攪拌均勻即完成。

80 ｜ 蔓越莓柳橙汁

糖漿、蜂蜜
＋水

Welcome to the jungle ！蔓越莓這類漿果，
是人類最早的採集食物之一，其營養成分不言可喻，
叢林法則就是採收漿果！搭配柳橙，微酸的風味。

材料 Assemble
- 蔓越莓果乾 2 片
- 柳橙果乾 1 片
- 熱水
  （90 ～ 100℃）450c.c.
- 蜂蜜 15c.c.
- 蔓越莓糖漿 45c.c.

做法 Recipe
1. 將蔓越莓、柳橙果乾和 450c.c. 熱水倒入壺中泡一下，約 5 分鐘。
2. 加入蜂蜜、蔓越莓糖漿攪拌均勻即完成。

81 芒果乾氣泡飲

市面上的芒果乾有濕式、乾式等各種不同風味，多方嘗試，就可以找出最適合自己的芒果乾。

材料 Assemble

- 柳橙果乾 2 片
- 芒果果乾 1 片
- 草莓果乾 1 顆
- 熱水（90～100℃）100c.c.
- 果糖 10c.c.
- 芒果濃縮汁 45c.c.
- 汽水適量
- 冰塊裝至雪克杯滿，或約 200c.c.

做法 Recipe

1. 柳橙、芒果和草莓果乾以 100c.c. 熱水泡開，約 5 分鐘。
2. 過濾出湯汁倒入雪克杯中，放至冷卻；泡好的果乾備用。
3. 湯汁冷卻後，加入果糖、芒果濃縮汁。
4. 加入冰塊，搖盪 15 下。
5. 取成品杯，倒入搖盪好的飲料，加入泡發的果乾，最後再慢慢倒入汽水即完成。

飲料教室 Drinks

汽水不可加入雪克杯中搖盪。除了果乾之外，也可以加入新鮮水果點綴，芒果濃縮汁或芒果果醬也可以替換，天然無負擔的水果乾，營養美味不流失。

82 玫瑰黑枸杞

利用哈密瓜的甜味，把看似不相干的黑枸杞與玫瑰融合在一起，喝膩了普通的飲料，不妨試試看新口味。

材料 Assemble

- 哈密瓜果乾 2 片
- 黑枸杞 1 大匙
- 熱水（90 ～ 100℃）150c.c.
- 新鮮檸檬汁 30c.c.
- 蜂蜜 15c.c.
- 哈密瓜濃縮汁 45c.c.
- 乾燥粉紅玫瑰 5 朵
- 冰塊裝至雪克杯滿，或約 200c.c.

做法 Recipe

1. 哈密瓜果乾、黑枸杞以 150c.c. 熱水泡開，約 5 分鐘；新鮮檸檬壓榨成汁。
2. 濾出湯汁倒入雪克杯中，放至冷卻；泡好的果乾、黑枸杞備用。
3. 湯汁冷卻後，加入蜂蜜、哈密瓜濃縮汁和檸檬汁。
4. 加入冰塊，搖盪 15 下。
5. 取成品杯，倒入搖盪好的飲料，加入泡發的果乾、乾玫瑰花即完成。

飲料教室 Drinks

以 50℃左右的水溫，長時間浸泡，慢慢泡出黑枸杞的風味，是泡製黑枸杞的秘訣。抗氧化延緩衰老的黑枸杞，擁有大量花青素與 17 種氨基酸，多種微量元素，是藏人的奇藥之一。

83 彩虹冰淇淋拿鐵 獨特

果乾
冰淇淋
拿鐵

咖啡拿鐵是非常基本的款式，
只要能夠透過不同的組合方式，就能創造出各種新意。
用冰砂機攪打後的草莓冰淇淋鮮奶，好看又好喝。

材料 Assemble

- 草莓冰淇淋 1 球
- 紅石榴糖漿 15c.c.
- 鮮奶 100c.c.
- 果糖 30c.c.
- 冰塊約 350c.c.
- 冰咖啡 130c.c.
- 打發鮮奶油（做法參照 P.23）適量
- 草莓果乾 6 片

做法 Recipe

1. 參照P.20製作冰咖啡，或買市售小杯濃縮咖啡，冷卻後使用。
2. 將草莓冰淇淋、紅石榴糖漿、鮮奶、果糖倒入冰砂機中。
3. 加入冰塊，以冰砂機攪打。
4. 取成品杯，杯身貼上草莓果乾片，倒入用冰砂機攪打好的液體。
5. 倒入冰咖啡，擠上打發鮮奶油，最後放上草莓果乾即完成。

84 摩卡榛果咖啡

純正的摩卡咖啡豆，
配上商業化以巧克力製品代替的摩卡咖啡，
即將掀起罐罐杯咖啡的風潮

材料 Assemble

- 冰咖啡 130c.c.
- 巧克力膏少許
- 巧克力糖漿 15c.c.
- 榛果糖漿 15c.c.
- 冰塊約 200c.c.
- 鮮奶 80c.c.
- 奶泡適量
- 可可粉少許

做法 Recipe

1. 參照P.20製作冰咖啡，或買市售小杯濃縮咖啡，冷卻後使用。
2. 取成品杯，巧克力膏沿著杯身轉動，沾滿杯子。
3. 巧克力糖漿、榛果糖漿也如同做法 2 般沾滿杯子。
4. 放入冰塊，倒入鮮奶。
5. 倒入冰咖啡，鋪上奶泡，最後撒上可可粉即完成。

85 桂花拿鐵咖啡 獨特

以桂花釀糖漿增添咖啡的風味，
只有這杯，最能代表台灣本土拿鐵！

材料 Assemble

- 桂花釀糖漿 15c.c.
- 果糖 15c.c.
- 鮮奶 80c.c.
- 冰塊約 200c.c.
- 冰咖啡 130c.c.
- 奶泡適量
- 桂花少許

做法 Recipe

1. 參照P.20製作冰咖啡，或買市售小杯濃縮咖啡，冷卻後使用。
2. 取成品杯，先加入桂花釀糖漿、果糖，再加入鮮奶，攪拌均勻。
3. 加入冰塊、冰咖啡。
4. 鋪上奶泡，最後撒上桂花即完成。

86 翡冷翠咖啡 獨特

七彩米
打發鮮奶油
冰咖啡
巧克力膏
薄荷酒＋果糖

**詩人徐志摩率先將佛羅倫斯翻譯成翡冷翠，
從此，碧綠蒼翦的形象，
便與這座義大利的文藝復興重鎮密不可分了。**

材料 Assemble

- 冰咖啡 130c.c.
- 綠薄荷酒 30c.c.
- 巧克力膏 30c.c.
- 果糖 30c.c.
- 冰塊約 180c.c.
- 打發鮮奶油適量
- 七彩米少許

做法 Recipe

1. 參照 P.20 製作冰咖啡，或買市售小杯濃縮咖啡，冷卻後使用。
2. 取成品杯，將綠薄荷酒倒入杯中，加入冰塊。
3. 加入果糖，倒入冰咖啡，擠上打發鮮奶油。
4. 最後淋上巧克力膏，撒上七彩米即完成。

87 黑玫瑰冰咖啡

櫻桃白蘭地是櫻桃香甜酒的別稱，
知名的調酒新加坡司令，就是用這款酒為基底所調製的。

材料 Assemble

- 冰咖啡 130c.c.
- 砂糖少許
- 櫻桃白蘭地 15c.c.
- 冰塊約 200c.c.
- 打發鮮奶油適量

做法 Recipe

1. 參照 P.20 製作冰咖啡，或買市售小杯濃縮咖啡，冷卻後使用。，加入砂糖，攪拌均勻。
2. 取成品杯，加入櫻桃白蘭地，加入冰塊。
3. 倒入冰咖啡，擠上鮮奶油即完成。

88 夏威夷冰咖啡 人氣

沒錯，就是那個讓所有人都憤怒的夏威夷口味。
喜愛咖啡的人一定要試試。

材料 Assemble

- 冰咖啡 130c.c.
- 砂糖少許
- 鳳梨汁 70c.c.
- 冰塊約 200c.c.
- 果糖 15c.c.

做法 Recipe

1. 參照P.20製作冰咖啡，或買市售小杯濃縮咖啡，冷卻後使用。，加入砂糖，攪拌均勻。
2. 取成品杯，倒入鳳梨汁，加入冰塊。
3. 加入果糖，最後倒入冰咖啡即完成。

SOUTHERN
COMFORT

89 南方安逸咖啡 獨特

來自亂世佳人的發想，
一杯見證美國南北戰爭的傳奇香甜酒，以及傳奇咖啡。

材料 Assemble

- 冰咖啡 130c.c.
- 砂糖少許
- 南方安逸香甜酒 15c.c.
- 冰塊約 200c.c.
- 鮮奶 90c.c.
- 打發鮮奶油（參照 P.23）適量
- 肉桂粉少許

做法 Recipe

1 參照 P.20 製作冰咖啡，或買市售小杯濃縮咖啡，冷卻後使用。，加入砂糖，攪拌均勻。

2 取成品杯，倒入冰咖啡，加入南方安逸香甜酒。

3 加入冰塊，倒入鮮奶，最後擠上打發鮮奶油，撒上肉桂粉即完成。

飲料教室 Drinks

以波本威士忌為基底，加入蜜桃柑橘與多種香料製成的南方安逸香甜酒，傳統調飲會直接加入可樂或柳橙汁飲用。

90 霜凍雲朵咖啡 獨特

不同顏色的搭配，主要是為了襯托出咖啡的黑。
以咖啡為畫布的藝術咖啡。

材料 Assemble

- 冰咖啡 130c.c.
- 紅石榴糖漿 15c.c.
- 果糖 15c.c.
- 蜂蜜 15c.c.
- 三種不同顏色鮮奶油（做法參照 P.23）適量
- 冰塊約 200c.c.
- 冰淇淋 2 球

做法 Recipe

1. 參照 P.20 製作冰咖啡，或買市售小杯濃縮咖啡，冷卻後使用。
2. 取成品杯，加入蜂蜜，杯身擠上各色鮮奶油，製作出雲彩的圖樣。
3. 倒入果糖，加入冰塊。
4. 倒入紅石榴糖漿、冰咖啡，最後放上冰淇淋即完成。

飲料教室 Drinks

將鮮奶油擠在杯身的時候，一定要注意奶油之間的間距，這樣奶油的成形才會明顯。冰淇淋的底部也要刮平整，才能疊得好看。

91 藍色戀人

咖啡搭配柑橘類的酒精或糖漿，又可以稱為古拉索咖啡，
是地理大發現之後，從古拉索群島一路風靡至歐洲的傳統品飲方式。

材料 Assemble

- 咖啡 130c.c.
- 果糖 15c.c.
- 藍柑糖漿 10c.c.
- 鮮奶 60 c.c.
- 冰塊約 200c.c.
- 奶泡 1 層
- 可可粉少許

做法 Recipe

1 參照 P.19 製作咖啡。

2 取成品杯，倒入果糖。

3 加入藍柑糖漿，再倒入鮮奶，攪拌均勻。

4 加入冰塊，慢慢倒入咖啡。

5 最後鋪上奶泡，撒上可可粉即完成。

飲料教室 Drinks

藍柑糖漿與果糖加入杯底後，務必要與鮮奶攪拌均勻，這樣咖啡才能夠順利分層。

奶泡＋裝飾
棉花糖
咖啡
草莓糖漿＋鮮奶

92 紅色戀人

獨特

草莓尬咖啡，充滿少女心的夢幻口味。
當然，看到奶泡細密綿軟的口感，大男孩也會愛不釋口啦！

材料 Assemble

- 咖啡 130 c.c.
- 果糖 15c.c.
- 草莓糖漿 10c.c.
- 鮮奶 60c.c.
- 冰塊約 200c.c.
- 奶泡 1 層
- 棉花糖少許

做法 Recipe

1 參照 P.19 製作咖啡。

2 取成品杯，倒入果糖。

3 倒入草莓糖漿。

4 倒入鮮奶，攪拌均勻。

5 加入冰塊，慢慢倒入咖啡。

6 最後鋪上奶泡，放上棉花糖即完成。

飲料教室 Drinks

草莓糖漿也可以換成草莓果醬，更可以將新鮮草莓搗爛後加入，草莓與咖啡的味道可以有很好的融合。

93 鳳梨咖啡

將水果與咖啡混合，調製成特殊風味的咖啡，推薦給喜愛嘗鮮的人。

材料 Assemble
- 咖啡 180c.c.
- 鳳梨果乾 1 片
- 新鮮鳳梨角 1 塊
- 糖包適量

做法 Recipe
1. 參照 P.19 製作咖啡。
2. 取成品杯，倒入咖啡，加入鳳梨果乾、鳳梨角，攪拌均勻。
3. 品嘗時可附上糖包。

94 瑪查格蘭

號稱最適合失戀的人喝的咖啡。
來自戰爭前線的就地取材，多層次的風味，品嘗人生甘苦。

材料 Assemble

- 咖啡 100c.c.
- 紅酒 70c.c.
- 檸檬 1 片
- 肉桂棒 1 支
- 糖包適量

做法 Recipe

1 參照 P.19 製作咖啡。

2 取成品杯，倒入咖啡，加入紅酒、檸檬和肉桂棒，攪拌均勻。

3 品嘗時可附上糖包。

95 孔夫子咖啡

獨特

生薑
咖啡

子曰：「不撤薑食。」孔夫子餐餐都有薑，
我猜，他喝咖啡肯定也要加點薑。

材料 Assemble

- 咖啡 180c.c.
- 薄生薑片 2 片
- 糖包適量

做法 Recipe

1. 參照 P.19 製作咖啡。
2. 取成品杯，倒入咖啡，加入生薑片攪拌入味。
3. 品嘗時可附上糖包。

96 露西亞咖啡

**俄羅斯人會在產季將水果製成果醬儲存，
以便於一年四季都能吃到帶有果香的食物，
而露西亞紅茶、露西亞咖啡就這麼誕生了。**

材料 Assemble

- 咖啡 180c.c.
- 果醬 1 大匙
- 糖包適量

做法 Recipe

1. 參照 P.19 製作咖啡。
2. 取成品杯，倒入咖啡，加入果醬，攪拌均勻。
3. 品嘗時可附上糖包。

97 沖繩咖啡

坊間冠上沖繩二字的飲品，
主要都是強調黑糖梅納反應後的焦香氣息，令人沉迷。

材料 Assemble

- 咖啡 180 c.c.
- 黑糖 1/4 大匙

做法 Recipe

1 參照 P.19 製作咖啡。

2 取成品杯，倒入咖啡，加入黑糖，攪拌均勻即完成。

98 衣索比亞男爵

獨特

咖啡

琴酒

**這款咖啡透過酒、花朵、茶葉等香氣，
增加手沖咖啡的風味。**

材料 Assemble

- 耶加雪菲咖啡粉 18g.
- 伯爵茶葉 1g.
- 琴酒少許

做法 Recipe

1. 將咖啡粉、伯爵茶葉混合，滴上少許琴酒。
2. 參照 P.19，以手沖的方式，萃取出 180 c.c. 的咖啡。
3. 取成品杯，倒入萃取好的咖啡即完成。

99 愛爾蘭香料咖啡 經典

愛爾蘭的酒保發明了愛爾蘭咖啡之後，
意猶未盡地開發出各種不同的搭配方法，
誕生了香料版的愛爾蘭咖啡。

材料 Assemble

- 咖啡 180c.c.
- 柳橙果乾 1 片
- 檸檬果乾 1 片
- 丁香 6 個
- 肉桂棒 1 支
- 愛爾蘭威士忌 15c.c.
- 糖包適量

做法 Recipe

1. 參照 P.19 製作咖啡。
2. 取成品杯，倒入咖啡，加入柳橙和檸檬果乾。
3. 加入丁香、肉桂棒，倒入愛爾蘭威士忌攪拌入味。
4. 品嘗時可附上糖包。

100 火燒島咖啡 獨特

咖啡一定要用滾燙的熱咖啡，
淋在冰淇淋的瞬間，就要趕緊邊吃邊喝，
享受半燒冷的快感。

材料 Assemble

- 咖啡 130c.c.
- 香草冰淇淋 1 球
- 芒果冰淇淋 1 球
- 粉色、白色
- 打發鮮奶油（參照 P.23）適量

做法 Recipe

1. 參照 P.19 製作咖啡。
2. 取成品杯，杯中先放入香草冰淇淋，再放入芒果冰淇淋。
3. 將粉色、白色打發鮮奶油擠在杯緣。
4. 慢慢沿著杯緣倒入咖啡即可享用。

Cook50193

零基礎一學就會的

100款手搖飲

學會冷熱茶飲沖泡、漸層飲料製作、果乾水果茶操作的技術&祕訣

作者　蔣馥竹
攝影　林宗億
美術設計　鄭雅惠
編輯　彭文怡
校對　連玉瑩
行銷　邱郁凱
校對　連玉瑩
企畫統籌　李橘
總編輯　莫少閒
出版者　朱雀文化事業有限公司
地址　台北市基隆路二段 13-1 號 3 樓
電話　02-2345-3868
傳真　02-2345-3828
劃撥帳號　19234566　朱雀文化事業有限公司
e-mail　redbook@hibox.biz
網址　http://redbook.com.tw
總經銷　大和書報圖書股份有限公司 (02)8990-2588
ISBN　978-986-98422-1-1
初版一刷　2019.12
定價　380 元
出版登記 北市業字第 1403 號

國家圖書館出版品預行編目 (CIP) 資料

零基礎一學就會的 100 款手搖飲：學會冷熱茶飲沖泡、漸層飲料製作、果乾水果茶操作的技術&祕訣 . -- 臺北市：朱雀文化, 2019.12
面；　公分 . --（Cook50；193）
ISBN 978-986-98422-1-1(平裝)
1. 茶食譜
427.41

About 買書

●實體書店：北中南各書店及誠品、金石堂、何嘉仁等連鎖書店均有販售。建議直接以書名或作者名，請書店店員幫忙尋找書籍及訂購。

●●網路購書：至朱雀文化網站購書可享 85 折起優惠，博客來、讀冊、PCHOME、MOMO、誠品、金石堂等網路平台亦均有販售。

●●●郵局劃撥：請至郵局窗口辦理（戶名：朱雀文化事業有限公司，帳號 19234566），掛號寄書不加郵資，4 本以下無折扣，5～9 本 95 折，10 本以上 9 折優惠。

Tea
Special
Coffee
Tea
Juice
Special

Tea
Special
Coffee
Tea
Juice
Special